电工电子实验课程系列教材

电子技术基础实验

主　编　申杰奋

副主编　毕彦平　朱永涛　班　戈

参　编　高智贤　蒋文帅　贾　磊　李　佳
刘太刚　任　武　张改改

机械工业出版社

本书主要是为了配合电子技术类课程中的电路原理、模拟电子技术和数字电子技术三门理论课程而编写的实验教材。全书共分四部分，包括电路原理、模拟电子技术基础、数字电子技术基础和附录。每部分的实验按基本训练型实验、综合型实验、设计型实验三个层次组织实验内容。本书以设计型实验和综合型实验为主，旨在培养学生运用所学知识解决实际问题的能力，掌握科学研究与工程实践的基本方法，提高学生的实践和创新能力。

本书可作为高等院校电子信息类、仪器仪表类、生物医学工程类等本科专业电路与电子技术实验课程的教材，也可供从事电工电子技术工作的工程技术人员参考。

图书在版编目（CIP）数据

电子技术基础实验/申杰奋主编. —北京：机械工业出版社，2022.10（2023.12 重印）
电工电子实验课程系列教材
ISBN 978-7-111-71453-8

Ⅰ.①电… Ⅱ.①申… Ⅲ.①电子技术-实验-高等学校-教材 Ⅳ.①TN-33

中国版本图书馆 CIP 数据核字（2022）第 153790 号

机械工业出版社（北京市百万庄大街 22 号 邮政编码 100037）
策划编辑：路乙达 责任编辑：路乙达 聂文君
责任校对：宋 安 刘雅娜 封面设计：张 静
责任印制：张 博
三河市国英印务有限公司印刷
2023 年 12 月第 1 版第 3 次印刷
184mm×260mm · 10.5 印张 · 257 千字
标准书号：ISBN 978-7-111-71453-8
定价：33.00 元

电话服务
客服电话：010-88361066
010-88379833
010-68326294

网络服务
机 工 官 网：www.cmpbook.com
机 工 官 博：weibo.com/cmp1952
金 书 网：www.golden-book.com
机工教育服务网：www.cmpedu.com

前　言

本书是为了适应电子技术的快速发展和培养高质量人才的需要，总结多年的教学改革和实践经验编写而成的。

电子技术基础实验的主要任务是培养学生的实践能力、创新能力与研究能力，因此要突出基本实验技能和工程实践能力的训练，突出电路设计与电路实现能力、使用计算机工具能力，以及研究、探索和创新精神的培养。为此，电子技术基础实验的课程体系与内容需要不断地更新。

本书在编写过程中，除了满足正常的实验教学内容以外，还力图建立以培养实践能力和创新思维为目标的分层次的实验教学新体系，将实验教学内容分为基本训练型实验、综合型实验、设计型实验三个层次。本书将培养学生创新能力和研究性思维贯穿整个实验教学之中，包括开发设计型实验项目，增加设计型实验的比例。

本书为配合电子技术类课程中的电路原理、模拟电子技术和数字电子技术三门理论课程的实验教材。根据三门课程教学大纲的需要，本书分为四部分：第一部分——电路原理，包括电路元件伏安特性的测绘、叠加原理的验证、戴维宁定理的验证、最大功率传输条件的测定、受控源的实验研究、*RC* 一阶电路的响应测试、二阶动态电路响应的研究、*RC* 选频网络特性测试、*RLC* 串联谐振电路的研究、双口网络测试、用三表法测量电路等效参数、正弦稳态交流电路相量的研究。第二部分——模拟电子技术基础，包括印制电路板（PCB）的制作、整流电路、滤波及稳压电路、双路直流稳压电路、单级放大电路、负反馈放大电路、差动放大电路、比例与求和电路、*RC* 正弦波振荡器的设计、波形发生器的设计、功率放大器的设计、电压比较器的设计、有源滤波器的设计与应用。第三部分——数字电子技术基础，包括门电路逻辑功能测试、组合逻辑电路功能测试、组合逻辑电路的设计、译码器及其应用、数据选择器及其设计应用、触发器逻辑功能测试、触发器的应用、时序电路功能分析及研究、寄存器及其应用、任意进制计数器的设计、同步时序电路的设计、时基电路及单稳态触发器、多谐振荡器及应用、D/A 和 A/D 转换器、抢答器的设计、电子秒表的设计。第四部分——附录，包括色环电阻识别方法、晶体管的极性判别、电子电路的故障分析与排除、常用门电路和触发器使用规则。

本书第一部分实验一~四由任武编写，实验五~八由李佳编写，实验九~十二由班戈编写；第二部分实验一~五由毕彦平编写，实验六~九由申杰奋编写，实验十~十四由蒋文帅编写；第三部分实验一~五由朱永涛编写，实验六~九由高智贤编写，实验十~十二由贾磊编写，实验十三~十六由刘太刚编写；附录由张改改编写。

本书可作为高等院校电子信息类、仪器仪表类、生物医学工程类等本科专业电路与电子技术实验课程的教材，也可供从事电工电子技术工作的工程技术人员参考。

由于编者水平有限，书中难免有不妥和错误之处，敬请读者批评指正。

编　者

目　录

第一部分

电路原理

实验一　电路元件伏安特性的测绘

一、实验目的

1. 学会识别常用电路元件的方法。
2. 掌握线性电阻、非线性电路元件伏安特性的逐点测试法。
3. 掌握实验装置中直流电工仪表和设备的使用方法。

二、实验器材

1. 可调直流稳压电源。
2. 数字电流表。
3. 数字电压表。
4. 二极管。
5. 稳压二极管。
6. 线性电阻器 100Ω、510Ω 等。
7. 电路实验箱。
8. 万用表。

三、实验预习要求

预习有关电阻、二极管、稳压二极管伏安特性的理论内容和万用表、稳压电源的使用方法。

四、实验原理

任何一个二端元件的特性可用该元件上的端电压 U 与通过该元件的电流 I 之间的函数关系 $I=f(U)$ 来表示，即用 I-U 平面上的一条曲线来表征，这条曲线称为该元件的伏安特性曲线。

1）线性电阻器的伏安特性曲线是一条通过坐标原点的直线，如图 1-1-1 中 a 曲线所示，该直线的斜率等于该电阻器的电阻值。

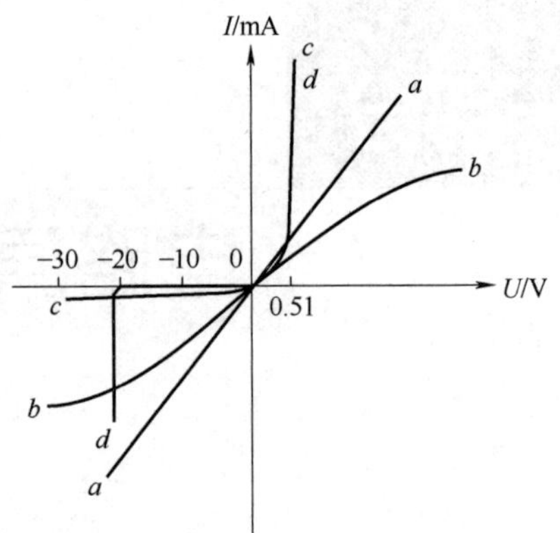

图 1-1-1　电路元件伏安特性曲线

2）一般的白炽灯在工作时灯丝处于高温状态，其灯丝电阻值随着温度的升高而增大，通过白炽灯的电流越大，其温度越高，阻值也越大。一般灯泡的“冷电阻值”与“热电阻值”可相差几倍至十几倍，它的伏安特性如图 1-1-1 中 b 曲线所示。

3）一般的半导体二极管是一个非线性电路元件，其特性如图 1-1-1 中 c 曲线所示。正向压降很小（一般的锗管约为 0.2~0.3V，硅管约为 0.5~0.7V），正向电流随正向压降的升高而急骤上升，而反向电压从零一直增加到十几伏至几十伏时，其反向电流增加很小。而且，在一定范围内，反向电流并不随着反向电压而增大，故称为反向饱和电流。可见，二极管具有单向导电性，但反向电压加得过高，超过管子的极限值，则会导致管子击穿损坏。

4）稳压二极管是一种特殊的半导体二极管，其正向特性与普通二极管类似，但其反向特性较特别，如图 1-1-1 中 d 曲线所示。在反向电压开始增加时，其反向电流几乎为零，但当反向电压增加到某一数值时（称为管子的稳压值，有各种不同稳压值的稳压管）电流将突然增加，以后它的端电压将维持恒定，不再随外加的反向电压升高而增大。

五、实验内容和步骤

1. 测定线性电阻器的伏安特性

按图 1-1-2 连线，调节直流稳压电源的输出电压 U，从 0 开始缓慢地增加，一直到 10V，记下相应的电压表和电流表的读数，填表 1-1-1（进行不同实验时，应先估算电压和电流值，合理选择仪表的量程，勿使仪表超量程，仪表的极性亦不可接错）。

表 1-1-1　线性电阻器的伏安特性实验数据

U/V	0	2	4	6	8	10
I/mA						

2. 测定半导体二极管的伏安特性

按图 1-1-3 连线，R 为限流电阻，测二极管 VD 的正向特性时，其正向电流不得超过 35mA，正向压降可在 0~0.75V 之间取值。特别是在 0.5~0.75V 之间更应多取几个测量点，填表 1-1-2（U 为二极管两端的电压）。

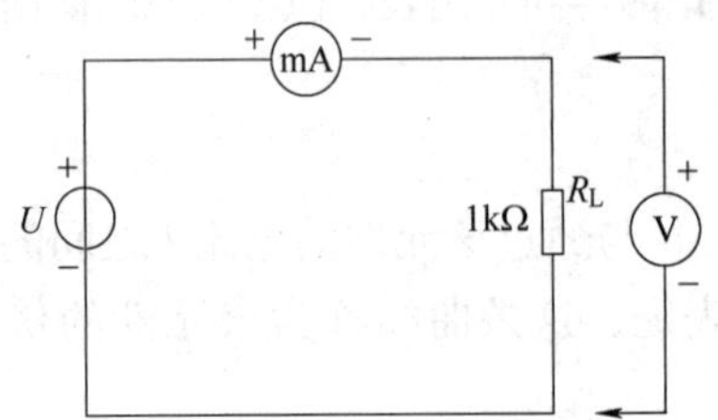

图 1-1-2　线性电阻器的伏安特性测试

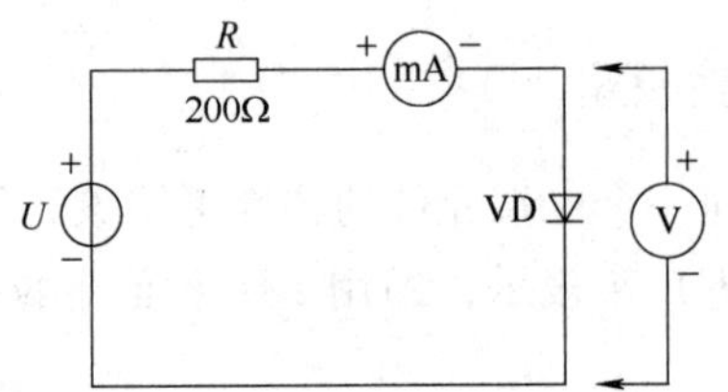

图 1-1-3　半导体二极管的伏安特性测试

表 1-1-2　二极管正向伏安特性实验数据

U/V	0	0.2	0.4	0.5	0.55	0.75
I/mA						

做反向特性实验时，只需将图 1-1-3 中的二极管 VD 反接，且其反向电压可加到 30V 左右。所测数据填入表 1-1-3（U 为二极管两端的电压）。

表 1-1-3　二极管反向伏安特性实验数据

U/V	0	-5	-10	-15	-20	-25	-30
I/mA							

3. 测定稳压二极管的伏安特性

将图 1-1-3 中的二极管 VD 换成稳压二极管，重复实验内容 2 的测量步骤，所测数据填入表 1-1-4（U 为稳压管两端的电压）和表 1-1-5（U_1 为电源电压，U_2 为稳压管两端的电压）。

表 1-1-4　稳压二极管正向伏安特性实验数据

U/V	0	0.2	0.4	0.5	0.55	0.75
I/mA						

表 1-1-5　稳压二极管反向伏安特性实验数据

U_1/V	0	-5	-10	-15	-20	-25	-30
U_2/V							
I/mA							

六、实验报告要求

1. 根据各实验数据结果，分别在方格纸上绘制出光滑的伏安特性曲线（其中二极管和稳压二极管的正、反向特性均要求画在同一张图中，正、反向电压可取为不同的比例尺）。
2. 根据实验结果，总结、归纳被测各元件的伏安特性。
3. 进行必要的误差分析。
4. 撰写心得体会及其他。

七、注意事项

1. 进行不同实验时，应先估算电压和电流值，合理选择万用表的量程，勿使仪表超量程，万用表的极性不可接错。
2. 测二极管正向特性时，稳压电源输出应由小至大缓慢增加，应时刻注意电流表读数不得超过 35mA，稳压源输出端切勿碰线短路。
3. 测量不同元件时，电压源的数值要从最小值开始逐渐增加。更换不同元件时，应将可调电压源放到最小值。

八、思考题

1. 线性电阻与非线性电阻的概念各是什么？实验任务要求测量的三个电路元件的伏安特性有什么不同？

2. 设某器件伏安特性曲线的函数式为 $I=f(U)$，试问在逐点绘制曲线时，其坐标变量应如何放置？

3. 稳压二极管与普通二极管特性有何区别？其用途如何？

实验二 叠加原理的验证

一、实验目的

1. 验证线性电路叠加原理的正确性，加深对线性电路的叠加性和齐次性的认识和理解。
2. 熟悉直流稳压电源、数字万用表及实验箱的使用。

二、实验器材

1. 直流稳压电源。
2. 可调直流稳压电源。
3. 数字电压表。
4. 数字电流表。
5. 电路实验箱。

三、实验预习要求

预习有关理论内容。本实验主要目的是验证线性电路叠加原理的正确性，在预习有关理论内容时，请注意以下问题：什么是叠加原理？在应用叠加原理过程中，对不作用的电源是如何处理的？

四、实验原理

叠加原理指出：在几个独立源共同作用下的线性电路中，通过每一个元件的电流或其两端的电压，可以看成是由每一个独立源单独作用时在该元件上所产生的电流或电压的代数和。不作用的理想电流源当作开路，不作用的理想电压源当作短路。

线性电路的齐次性是指当激励信号（所有独立源的值）增加或减小 k 倍时，电路的响应（即在电路其他各电阻元件上所建立的电流和电压值）也将增加或减小 k 倍。

五、实验内容和步骤

实验电路如图 1-2-1 所示。

1. 按图 1-2-1 电路接线，E_1 为+6V、+12V 切换电源。取 $E_1=+12\text{V}$，E_2 为可调直流稳压电源，调至+6V。

2. 令电源 E_1 单独作用时（将开关 S_1 投向 E_1 侧，开关 S_2 投向短路侧），用直流数字电压表和毫安表（接电流插头）测量各支路电流及各电阻元件两端电压，数据填入表 1-2-1 中。

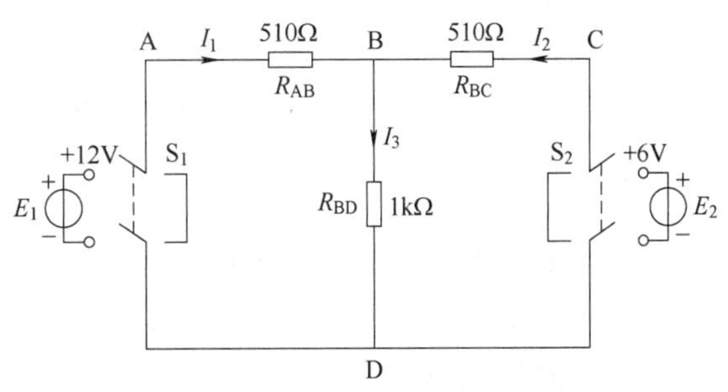

图 1-2-1 线性电路叠加原理的验证

表 1-2-1　线性电路叠加原理测试实验数据

测量项目 \ 实验内容	E_1/V	E_2/V	I_1/mA	I_2/mA	I_3/mA	U_{AB}/V	U_{BC}/V	U_{CD}/V	U_{DA}/V	U_{BD}/V
E_1 单独作用										
E_2 单独作用										
E_1、E_2 共同作用										
$2E_2$ 单独作用										

3. 令 E_2 单独作用时（将开关 S_1 投向短路侧，开关 S_2 投向 E_2 侧），重复实验步骤 2 的测量并记录。

4. 令 E_1 和 E_2 共同作用时（开关 S_1 和 S_2 分别投向 E_1 和 E_2 侧），重复实验步骤 2 的测量并记录。

5. 将 E_2 的数值调至+12V，重复实验步骤 3 的测量并记录。

6. 通过表 1-2-1 中的数据，分别计算 E_1 单独作用、E_2 单独作用以及 E_1 和 E_2 共同作用时，电阻 R_{AB}、R_{BC}、R_{BD}消耗的功率，将数据填入表 1-2-2 中。并说明各电阻的 P_1 与 P_2 之和是否等于 P_3，为什么？

表 1-2-2　线性电路叠加原理电阻上消耗的功率

计算项目 \ 计算内容	R_{AB}（510Ω）	R_{BC}（510Ω）	R_{BD}（1kΩ）
E_1 单独作用时消耗功率 P_1			
E_2 单独作用消耗功率 P_2			
E_1、E_2 共同作用消耗功率 P_3			

六、实验报告要求

1. 根据实验数据验证线性电路的叠加性与齐次性。
2. 各电阻器所消耗的功率能否用叠加原理计算得出？试用上述实验数据进行计算并总结。
3. 撰写心得体会及其他。

七、注意事项

测量各支路电流时，应注意仪表的极性及数据表格中“+、-”号的记录，要根据测量数据及时更换仪表量程；测量各电阻电压时，根据所测电压注意仪表的极性及数据表格中“+、-”号的记录，要根据测量数据及时更换仪表量程。

八、思考题

1. 叠加原理中 E_1、E_2 分别单独作用，在实验中应如何操作？可否直接将不作用的电源（E_1 或 E_2）置零（短接）？

2. 实验电路中，若有一个电阻器改为二极管，试问叠加原理的叠加性与齐次性还成立吗？为什么？

实验三　戴维宁定理的验证

一、实验目的

1. 验证戴维宁定理的正确性。
2. 掌握测量有源二端网络等效参数的一般方法。

二、实验器材

1. 可调直流稳压电源。
2. 可调直流恒流源。
3. 数字电压表。
4. 数字电流表。
5. 电路实验箱。
6. 万用表。

三、实验预习要求

预习有关理论内容，本实验的主要目的是验证戴维宁定理的正确性，在预习有关理论内容时，请注意以下问题：什么是戴维宁定理？如何用实验方法求有源二端网络的戴维宁等效电路？

四、实验原理

1. 戴维宁定理

任何一个线性含源网络，如果仅研究其中一条支路的电压和电流，则可将电路的其余部分看作是一个有源二端网络（或称为含源一端口网络）。

戴维宁定理指出：任何一个线性有源二端网络，总可以用一个等效电压源与电阻的串联来代替，此电压源的电压等于这个有源二端网络的开路电压 U_{oc}，电阻等于该二端网络中所有独立源均置零（理想电压源视为短路，理想电流源视为开路）时的等效电阻 R_{eg}。U_{oc} 和 R_{eq} 称为有源二端网络的等效参数。

2. 有源二端网络等效参数的测量方法

（1）开路电压、短路电流法

在有源二端网络输出端开路时，用电压表直接测其输出端的开路电压 U_{oc}，然后再将其输出端短路，用电流表测其短路电流 I_{sc}，则内阻为

$$R_{eq}=\frac{U_{oc}}{I_{sc}}$$

（2）伏安法

用电压表、电流表测出有源二端网络的外部特性如图 1-3-1 所示。根据外特性曲线求出斜率 $\tan\varphi$，则内阻为

$$R_{\text{eq}}=\tan\varphi=\frac{\Delta U}{\Delta I}=\frac{U_{\text{oc}}}{I_{\text{sc}}}$$

伏安法主要是测量开路电压及电流为额定值 I_N 时的输出端电压值 U_N，则内阻为

$$R_{\text{eq}}=\frac{U_{\text{oc}}-U_N}{I_N}$$

若二端网络的内阻值很低时，则不宜测量其短路电流。

（3）半电压法

如图 1-3-2 所示，当负载电压为被测网络开路电压一半时，负载电阻（由电阻箱的读数确定）即为被测有源二端网络的等效内阻值。

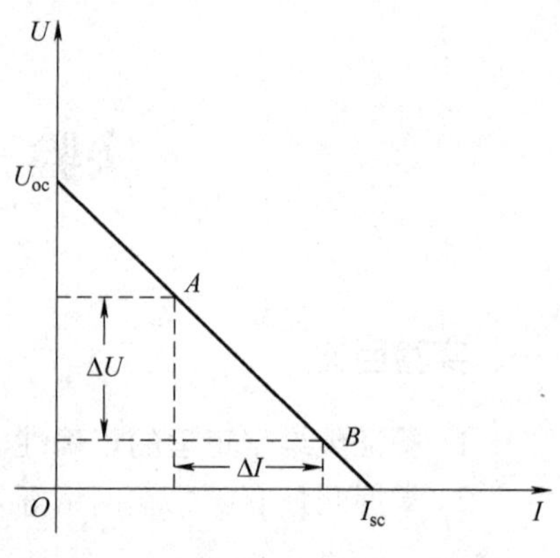

图 1-3-1　有源二端网络的外部特性

（4）零示法

在测量具有高内阻有源二端网络的开路电压时，用电压表进行直接测量会造成较大的误差，为了消除电压表内阻的影响，往往采用零示法，如图 1-3-3 所示。

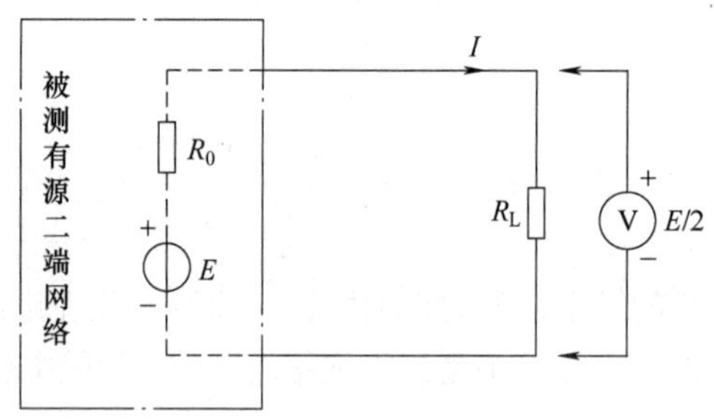

图 1-3-2　半电压法

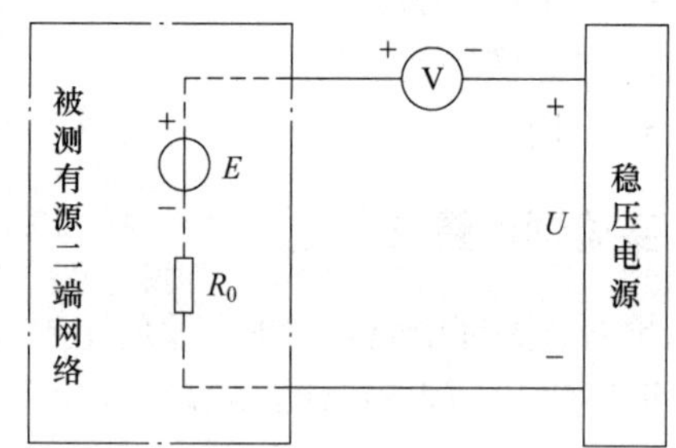

图 1-3-3　零示法

零示法测量原理是用一低内阻的稳压电源与被测有源二端网络进行比较，当稳压电源的输出电压与有源二端网络的开路电压相等时，电压表的读数为“0”，然后将电路断开，测量此时稳压电源的输出电压，即为被测有源二端网络的开路电压。

五、实验内容和步骤

被测有源二端网络电路如图 1-3-4a 所示。

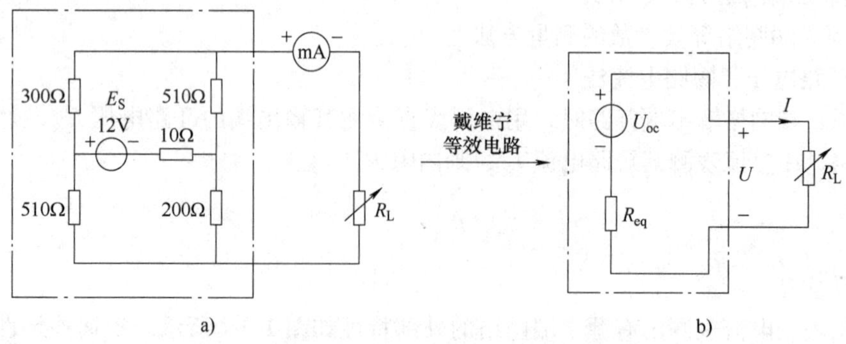

图 1-3-4　开路电压、短路电流法测定戴维宁等效电路

1. 用开路电压、短路电流法测定戴维宁等效电路的 U_{oc} 和 R_{eq}

按图 1-3-4a 电路接入稳压电源 $E_S=+12V$，按照电路图连接电路，用数字电压表和数字电流表测量 U_{oc} 和 I_{sc} 的值，根据公式计算 R_{eq}，填入表 1-3-1。

表 1-3-1　戴维宁等效电路测试

U_{oc}/V	I_{sc}/mA	$R_{eq}=U_{oc}/I_{sc}(\Omega)$

2. 负载实验

按图 1-3-4a 连接有源二端网络电路，改变 R_L 阻值，测量负载电阻 R_L 两端电压和流过的电流值，并填入表 1-3-2，了解有源二端网络的外部特性。

表 1-3-2　有源二端网络负载实验测试

R_L/kΩ	0	1	2	3	4	5	6	7	8	9	∞
U/V											
I/mA											

3. 验证戴维宁定理

用一只 1kΩ 的电位器，将其阻值调整到等于步骤 1 所得的等效电阻 R_{eq} 的值，然后令其与直流稳压电源（调到步骤 1 所测得的开路电压 U_{oc} 之值）相串联，如图 1-3-4b 电路所示，仿照步骤 2 测其外部特性，对戴维宁定理进行验证，填入表 1-3-3。

表 1-3-3　验证戴维宁等效电路测试

R_L/kΩ	0	1	2	3	4	5	6	7	8	9	∞
U/V											
I/mA											

4. 测定有源二端网络等效电阻（输入电阻）的其他方法

将图 1-3-4a 的被测有源二端网络内的所有独立源置零（将电流源断开；去掉电压源，并在原电压端所接的两点用一根导线短路相连），然后用伏安法或者直接用万用表的欧姆档去测量负载 R_L 开路后输出端两点间的电阻，此即为被测网络的等效内阻 R_{eq} 或称为二端网络的输入电阻 R_i。

R_{eq} = ________________

5. 用半电压法和零示法测量被测网络的等效内阻 R_{eq} 及其开路电压 U_{oc}，线路及数据表格自拟。

六、实验报告要求

1. 根据步骤 2 和 3，分别绘出曲线，验证戴维宁定理的正确性，并分析产生误差的原因。

2. 根据步骤 1、4、5 测得的 U_{oc} 和 R_{eq} 与预习时电路计算的结果做比较，能得出什么结论？

3. 归纳、总结实验结果。

4. 撰写心得体会及其他。

七、注意事项

1. 测量时要注意电流表量程的更换。用万用表直接测 R_{eq}时，网络内的独立源必须先置零，以免损坏万用表；若使用指针式万用表，欧姆档必须经调零后再进行测量。

2. 电源置零时不可将稳压电源短接。改接电路时，要关掉电源。

八、思考题

1. 在求戴维宁等效电路时，做短路实验，测 I_{sc}的条件是什么？在本实验中可否直接做负载短路实验？请实验前对图 1-3-4a 所示电路预先做好计算，以便调整实验电路及测量时可准确地选取测量仪表的量程。

2. 说明测有源二端网络开路电压及等效内阻的几种方法，并比较其优缺点。

实验四　最大功率传输条件的测定

一、实验目的

1. 掌握含源一端口网络等效参数的基本测量方法，验证戴维宁定理，加深对外电路等效实质的认识。
2. 掌握负载获得最大传输功率的条件。
3. 设计实验完成最大功率传输条件的测定。
4. 了解电源输出功率与效率的关系。

二、实验器材

1. 直流稳压电源。
2. 数字万用表。
3. 直流电路实验箱。

三、实验预习要求

思考电力系统进行电能传输时为什么不能工作在匹配工作状态。

四、实验原理

1. 电源与负载功率的关系

图 1-4-1 可视为由一个电源向负载输送电能的模型，R_o 可视为电源内阻和传输线路电阻的总和，R_L 为可变负载电阻。

负载 R_L 上消耗的功率 P 可由下式表示：

$$P=I^2R_L=\left(\frac{U}{R_o+R_L}\right)^2R_L$$

当 $R_L=0$ 或 $R_L=\infty$ 时，电源输送给负载的功率均为零。以不同的 R_L 值代入上式可求得不同的 P 值，其中必有一个 R_L 值，使负载能从电源处获得最大的功率。

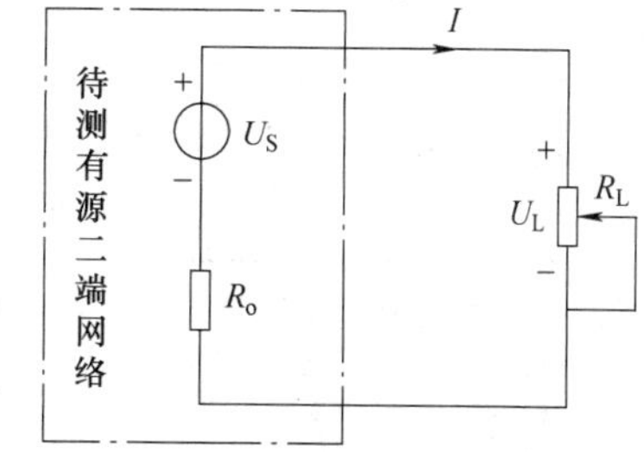

图 1-4-1　电源向负载输送电能的模型

2. 负载获得最大功率的条件

根据数学中求最大值的方法，令负载功率表达式中的 R_L 为自变量、P 为应变量，并使 $dP/dR_L=0$，可求得最大功率传输的条件，即

$$\frac{dP}{dR_L}=\frac{[(R_o+R_L)^2-2R_L(R_o+R_L)]U_S^2}{(R_o+R_L)^4}$$

令 $(R_o+R_L)^2-2R_L(R_o+R_L)=0$，解得 $R_L=R_o$。

因此，当满足 $R_L=R_o$ 时，负载从电源获得的最大功率为

$$P_{MAX}=\left(\frac{U_S}{R_o+R_L}\right)^2 R_L=\left(\frac{U_S}{2R_o}\right)^2 R_o=\frac{U_S^2}{4R_o}$$

这时，称此电路处于“匹配”工作状态。

3. 匹配电路的特点及应用

在电路处于“匹配”状态时，电源本身要消耗一半的功率。此时电源的效率只有 50%。显然对电力系统的能量传输过程是绝对不允许的。发电机的内阻是很小的，电路传输的最主要指标是要高效率送电，最好是 100%的功率均传送给负载。为此负载电阻应远大于电源的内阻，即不允许运行在匹配状态。在电子技术领域里却完全不同。一般的信号源本身功率较小，且都有较大的内阻。而负载电阻（如扬声器等）往往是较小的定值，而且希望能从电源获得最大的功率输出，而电源的效率往往不予考虑。通常设法改变负载电阻，或者在信号源与负载之间加阻抗变换器（如音频功放的输出级与扬声器之间的输出变压器），使电路处于工作匹配状态，以使负载能获得最大的输出功率。

五、实验内容和步骤

1. 根据电路设计要求，按电路图 1-4-2 连线。

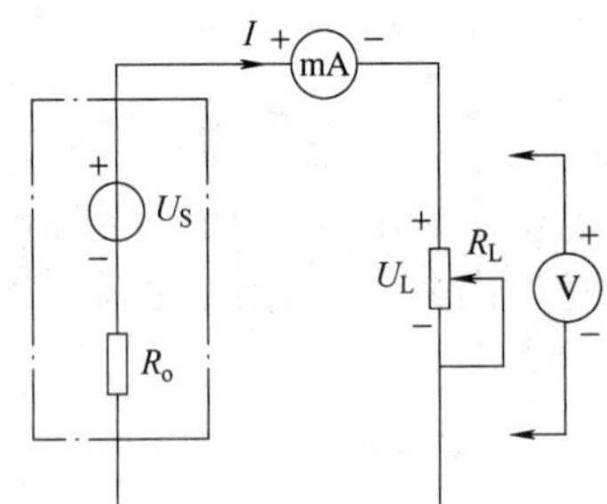

图 1-4-2　负载电压及电路电流的测试

2. 按表 1-4-1 所列内容，让 R_L 在 0～1kΩ 间变化时，分别测出负载电压 U_L 及电流 I 的值，并计算功率（在 P 最大值附近应多测几点）。

表 1-4-1　负载电压及电路电流的数据

$U_S=6V$ $R_o=510\Omega$	R_L/Ω					510				
	U_L/V									
	I/mA									
	P/mW									
$U_S=12V$ $R_o=750\Omega$	R_L/Ω					750				
	U_L/V									
	I/mA									
	P/mW									

六、实验报告要求

1. 整理实验数据，画出关系曲线图：P_L—R_L。
2. 根据实验结果，说明负载获得最大功率的条件是什么？

七、注意事项

使用数字万用表测量电压电流时一定要注意换量程和插孔，否则容易烧坏万用表。

八、思考题

实际应用中，电源的内阻是否随负载而变？

实验五　受控源 VCVS、VCCS、CCVS、CCCS 的实验研究

一、实验目的

1. 了解用运算放大器组成的四种类型受控源的电路原理。
2. 测试受控源转移特性及负载特性。

二、实验器材

1. 可调直流稳压电源 0~10V。
2. 可调直流恒流源 0~200mA。
3. 直流数字电压表。
4. 直流数字毫安表。
5. 直流电路实验箱。

三、实验预习要求

1. 参阅有关运算放大器和受控源的基本理论。
2. 思考受控源与独立源的异同点。
3. 试比较四种受控源的代号、电路模型、控制量与被控制量之间的关系。

四、实验原理

1. 运算放大器（简称运放）的电路符号及其等效电路

运算放大器是一个有源三端器件，它有两个输入端和一个输出端，如图 1-5-1 所示。若信号从“+”端输入，则输出信号与输入信号相位相同，故称为同相输入端；若信号从“-”端输入，则输出信号与输入信号相位相反，故称为反相输入端。

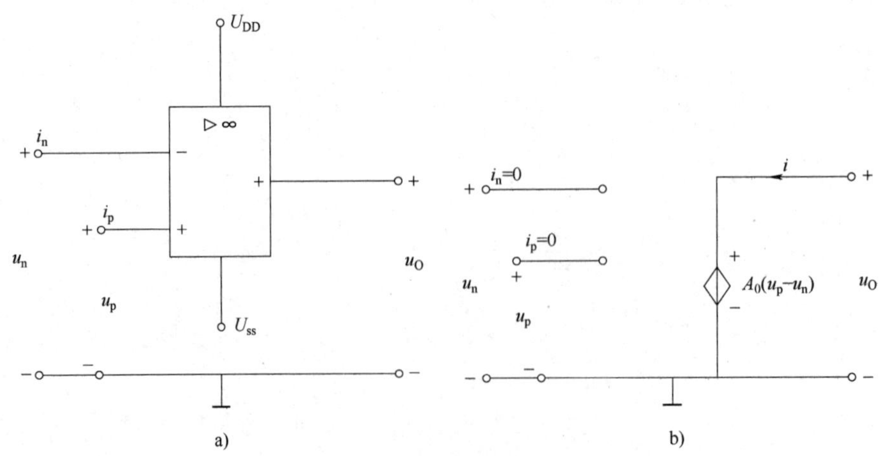

图 1-5-1　运算放大器的电路符号及等效电路

运算放大器的输出电压为

$$u_O = A_0(u_p - u_n)$$

其中 A_0 是运放的开环电压放大倍数，在理想情况下，A_0 与运放的输入电阻 R_i 均为无穷大，因此有 $u_p = u_n$，$i_p = \frac{u_p}{R_{ip}} = 0$，$i_n = \frac{u_n}{R_{in}} = 0$。

这说明理想运放具有下列三大特征：

1）运放的“+”端与“-”端电位相等，通常称为“虚短”。

2）运放输入端电流为零，即其输入电阻为无穷大。

3）运放的输出电阻为零。

以上三个重要的性质是分析所有具有运放网络的重要依据。要使运放工作，还须接有正、负直流工作电源（称双电源），有的运放可用单电源工作。

2. 理想运放的电路模型

理想运放的电路模型是一个受控源——电压控制电压源（即 VCVS）。根据控制变量与输出变量的不同可分为四类受控源：即电压控制电压源（VCVS）、电压控制电流源（VCCS）、电流控制电压源（CCVS）、电流控制电流源（CCCS），电路符号如图 1-5-2 所示。

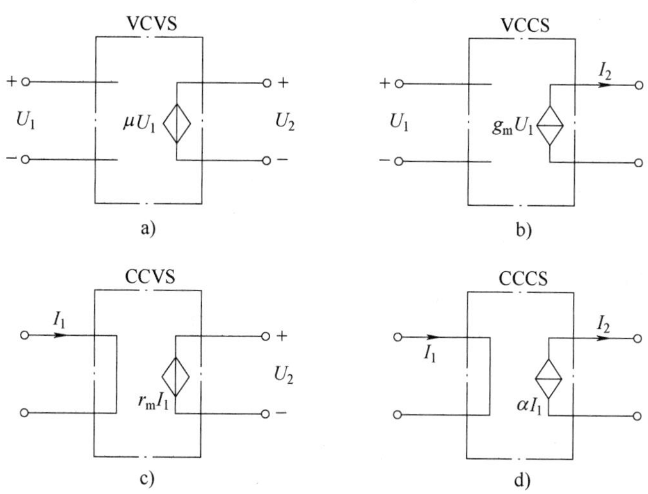

图 1-5-2　四类受控源的电路符号

3. 受控源

受控源是指其电源的输出电压或电流是受电路另一支路的电压或电流所控制的。当受控源的电压（或电流）与控制支路的电压（或电流）成正比时，则该受控源为线性的。

理想受控源的控制支路中只有一个独立变量（电压或电流），另一个变量为零，即从输入口看理想受控源或是短路（即输入电阻 $R_i = 0$，因而输入电压 $U_1 = 0$）或是开路（即输入电导 $G_i = 0$，因而输入电流 $I_1 = 0$）。从输出口看，理想受控源或是一个理想电压源或是一个理想电流源。

4. 受控源的控制端与受控端的关系

受控源的控制端与受控端的关系称为转移函数。四种受控源转移函数参量的定义如下：

（1）压控电压源（VCVS）

$U_2=f(U_1)$，$\mu=U_2/U_1$ 称为转移电压比（或电压增益）。

（2）压控电流源（VCCS）

$I_2=f(U_1)$，$g_m=I_2/U_1$ 称为转移电导。

（3）流控电压源（CCVS）

$U_2=f(I_1)$，$r_m=U_2/I_1$ 称为转移电阻。

（4）流控电流源（CCCS）

$I_2=f(I_1)$，$\alpha=I_2/I_1$ 称为转移电流比（或电流增益）。

5. 用运放构成四种类型基本受控源的线路原理分析

（1）压控电压源（VCVS）

如图 1-5-3 所示，由于运放的虚短特性，有

$$u_p=u_n=U_1,\quad i_2=u_n/R_2=U_1/R_2$$

因运放内阻为 $R_i=\infty$，又 $i_1=i_2$，所以

$$U_2=i_1R_1+i_2R_2=i_2(R_1+R_2)=\frac{U_1}{R_2}(R_1+R_2)=\left(1+\frac{R_1}{R_2}\right)U_1$$

即运放的输出电压 U_2 只受输入电压 U_1 的控制，与负载 R_L 大小无关，电路模型如图 1-5-2a 所示。

转移电压比为

$$\mu=\frac{U_2}{U_1}=1+\frac{R_1}{R_2}$$

式中，μ 无量纲，又称为电压放大系数（电压增益）。

这里的输入、输出有公共接地点，这种连接方式称为共地连接。

（2）压控电流源（VCCS）

将图 1-5-3 的 R_1 看成一个负载电阻 R_L，如图 1-5-4 所示，即成为压控电流源 VCCS。

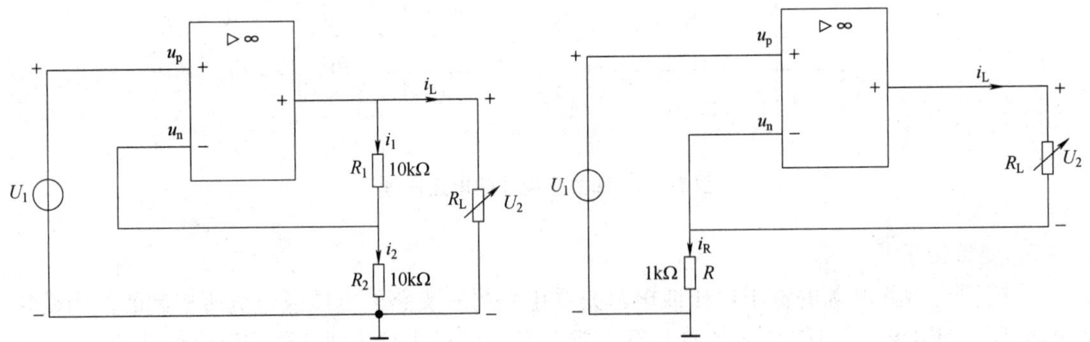

图 1-5-3　运放构成的压控电压源　　图 1-5-4　运放构成的压控电流源

此时，运放的输出电流 $i_L=i_R=u_n/R=U_1/R$，即运放的输出电流 i_L 只受输入电压 U_1的控制，与负载 R_L 的大小无关。电路模型如图 1-5-2b 所示。

转移电导为

$$g_m=\frac{I_2}{U_1}=\frac{1}{R}$$

式中，g_m的单位为 S。

这里的输入、输出无公共接地点，这种连接方式称为浮地连接。

（3）流控电压源（CCVS）

如图 1-5-5 所示，由于运放的“+”端接地，所以 $u_p=0$，“-”端电压 u_n 也为零，此时运放的“-”端称为虚地点。显然，流过电阻 R 的电流 i_1 就等于网络的输入电流 i_S。

此时，运放的输出电压 $U_2=-i_1R=-i_SR$，即输出电压 U_2 只受输入电流 i_S 的控制，与负载 R_L 的大小无关，电路模型如图 1-5-2c 所示。

转移电阻为

$$r_m=\frac{U_2}{I_1}=R$$

式中，R 的单位为 Ω。

此电路为共地连接。

（4）流控电流源（CCCS）

如图 1-5-6 所示，有

$$U_2=-i_2R_2=-i_1R_1$$

$$i_L=i_1+i_2=i_1+\frac{R_1}{R_2}i_1=\left(1+\frac{R_1}{R_2}\right)i_1=\left(1+\frac{R_1}{R_2}\right)i_S$$

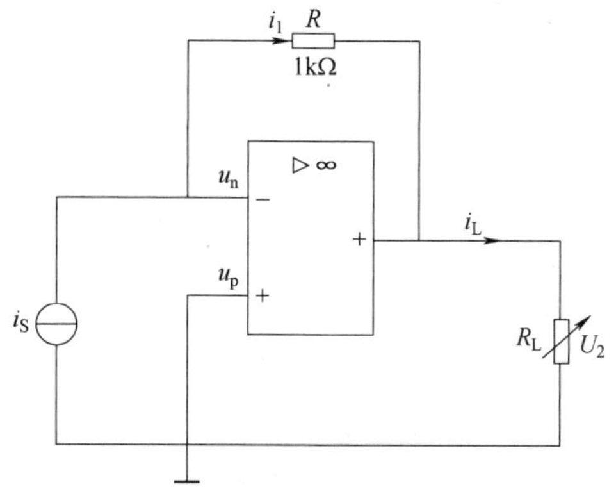

图 1-5-5　运放构成的流控电压源

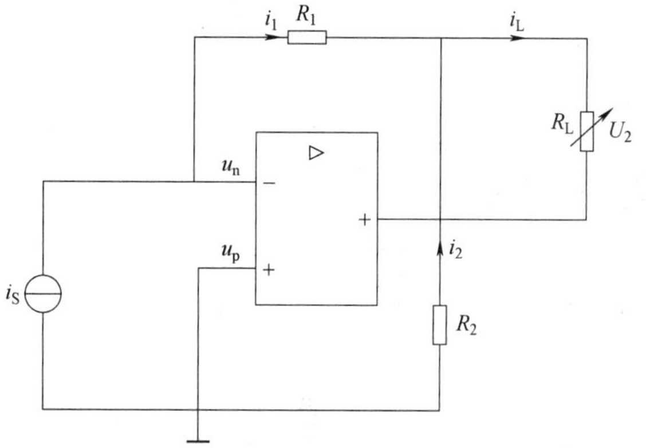

图 1-5-6　运放构成的流控电流源

即输出电流 i_L 只受输入电流 i_S 的控制，与负载 R_L 大小无关。电路模型如图 1-5-2d 所示。

转移电流比为

$$\alpha=\frac{i_L}{i_S}=1+\frac{R_1}{R_2}$$

式中，α 无量纲，又称为电流放大系数（电流增益）。

此电路为浮地连接。

五、实验内容和步骤

实验中受控源全部采用直流电源激励，对于交流电源或其他电源激励，实验结果是一样的。

1. 测量受控源 VCVS 的转移特性 $U_2=f(U_1)$ 及负载特性 $U_2=f(I_L)$

实验电路如图 1-5-7 所示。U_1 为可调直流稳压电源，R_L 为可调电阻箱。

1）固定 $R_L=2\text{k}\Omega$，调节直流稳压电源输出电压 U_1，使其在 0~6V 范围内取值，测量 U_1 及相应的 U_2 值，绘制 $U_2=f(U_1)$ 曲线，并由其线性部分求出转移电压比 μ，所测数据填入表 1-5-1 中。

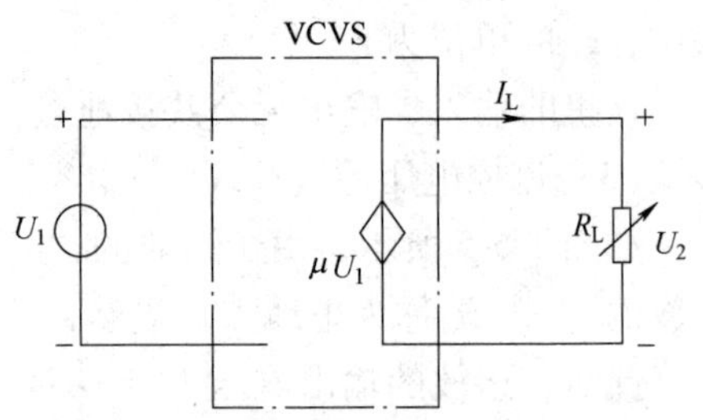

图 1-5-7　受控源 VCVS 的测量

表 1-5-1　受控源 VCVS 转移特性测试

测量值	U_1/V	
	U_2/V	
实验计算值	μ	
理论计算值	μ	

2）保持 $U_1=2\text{V}$，令 R_L 阻值从 1kΩ 增至∞，测量 U_2 及 I_L，所测数据填入表 1-5-2 中，绘制 $U_2=f(I_L)$ 曲线。

表 1-5-2　受控源 VCVS 负载特性测试

R_L/kΩ	
U_2/V	
I_L/mA	

2. 测量受控源 VCCS 的转移特性 $I_L=f(U_1)$ 及负载特性 $I_L=f(U_2)$

实验电路如图 1-5-8 所示。

1）固定 $R_L=2\text{k}\Omega$，调节直流稳压电源输出电压 U_1，使其在 0~5V 范围内取值。测量 U_1 及相应的 I_L，绘制 $I_L=f(U_1)$ 曲线，并由其线性部分求出转移电导 g_m，所测数据填入表 1-5-3 中。

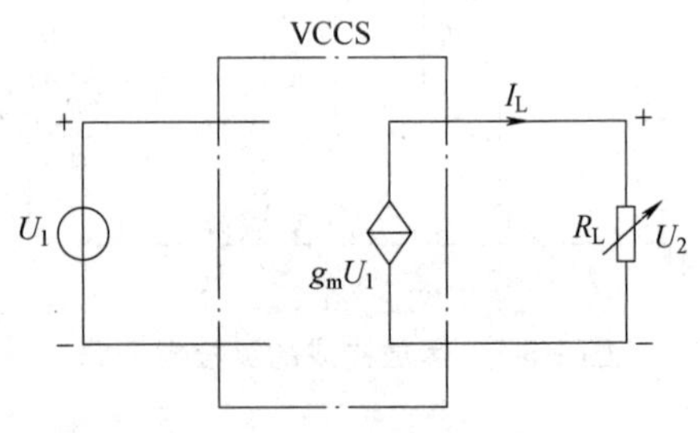

图 1-5-8　受控源 VCCS 的测量

表 1-5-3　受控源 VCCS 转移特性测试

测量值	U_1/V	
	I_L/mA	
实验计算值	g_m/S	
理论计算值	g_m/S	

2）保持 $U_1=2\text{V}$，令 R_L 从 0 增至 5kΩ，测量相应的 I_L 及 U_2，所测数据填入表 1-5-4 中，绘制 $I_L=f(U_2)$ 曲线。

表 1-5-4　受控源 VCCS 负载特性测试

$R_L/k\Omega$	
I_L/mA	
U_2/V	

3. 测量受控源 CCVS 的转移特性 $U_2=f(I_S)$ 及负载特性 $U_2=f(I_L)$

实验电路如图 1-5-9 所示。I_S 为可调直流恒流源，R_L 为可调电阻箱。

1）固定 $R_L=2k\Omega$，调节直流恒流源输出电流 I_S，使其在 0~0. 8mA 范围内取值，测量 I_S 及相应的 U_2 值，绘制 $U_2=f(I_S)$ 曲线，并由其线性部分求出转移电阻 r_m，填入表 1-5-5 中。

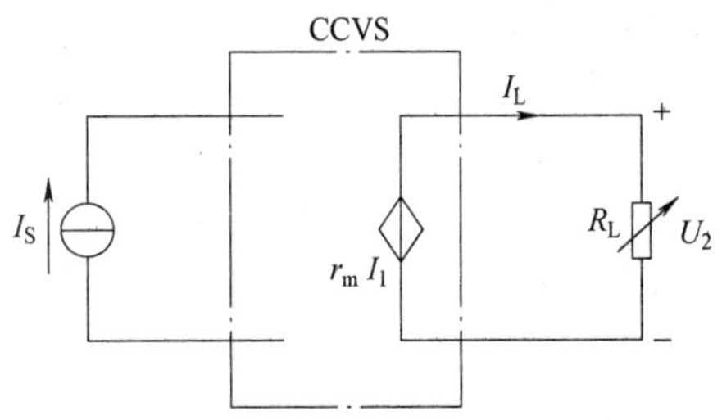

图 1-5-9　受控源 CCVS 的测量

表 1-5-5　受控源 CCVS 转移特性测试

测量值	I_S/mA	
	U_2/V	
实验计算值	$r_m/k\Omega$	
理论计算值	$r_m/k\Omega$	

2）保持 $I_S=0.3mA$，令 R_L 从 1kΩ 增至∞，测量 U_2 及 I_L 值，填入表 1-5-6 中，绘制负载特性曲线 $U_2=f(I_L)$。

表 1-5-6　受控源 CCVS 负载特性测试

$R_L/k\Omega$	
U_2/V	
I_L/mA	

4. 测量受控源 CCCS 的转移特性 $I_L=f(I_S)$ 及负载特性 $I_L=f(U_2)$

实验电路如图 1-5-10 所示。

1）固定 $R_L=2k\Omega$，调节直流恒流源输出电流 I_S，使其在 0~0. 8mA 范围内取值，测量 I_S 及相应的 I_L 值，绘制 $I_L=f(I_S)$ 曲线，并由其线性部分求出转移电流比 α，填入表 1-5-7 中。

2）保持 $I_S=0.3mA$，令 R_L 从 0 增至 4kΩ，测量 I_L 及 U_2 值，填入表 1-5-8 中，绘制负载特性曲线 $I_L=f(U_2)$。

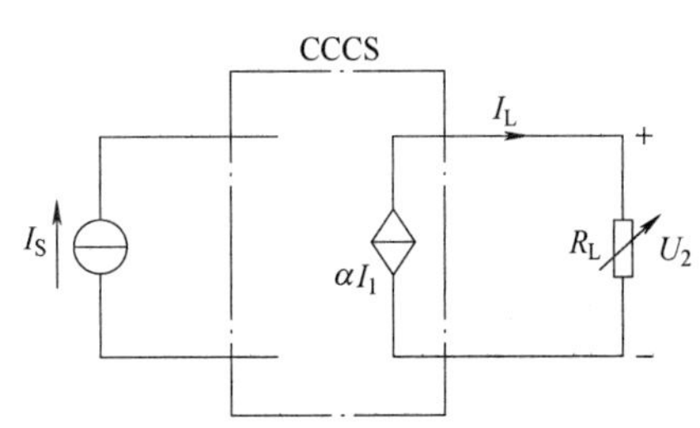

图 1-5-10　受控源 CCCS 的测量

表 1-5-7　受控源 CCCS 转移特性测试

测量值	I_S/mA	
	I_L/mA	
实验计算值	α	
理论计算值	α	

表 1-5-8　受控源 CCCS 负载特性测试

R_L/kΩ	
I_L/mA	
U_2/V	

六、实验报告要求

1. 对有关的预习思考题做出回答。

2. 根据实验数据，在方格纸上分别绘出四种受控源的转移特性和负载特性曲线，并求出相应的转移函数参量。

3. 对实验的结果做出合理地分析并得出结论，总结对四类受控源的认识和理解。

4. 撰写心得体会及其他。

七、注意事项

1. 实验中，注意运放的输出端不能与地短接，输入电压不得超过 10V。

2. 在用恒流源供电的实验中，不要使恒流源负载开路。

3. 不同类型的受控源可以进行级联以形成等效的另一类型的受控源。如受控源 CCVS 与 VCCS 进行适当的连接可组成 CCCS 或 VCVS。

如图 1-5-11 及图 1-5-12 所示，为由 CCVS 及 VCCS 级联后组成的 CCCS 和 VCVS 电路。

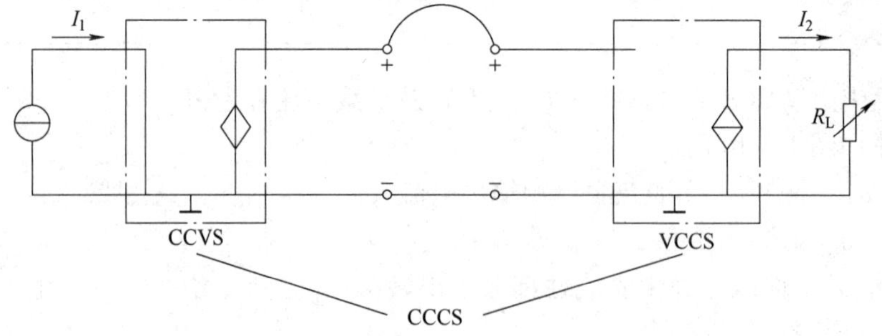

图 1-5-11　由 CCVS 及 VCCS 级联后组成的 CCCS

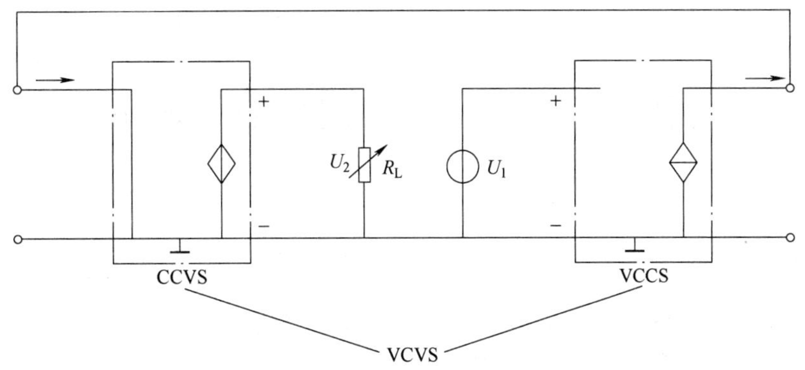

图 1-5-12　由 CCVS 及 VCCS 级联后组成的 VCVS

八、思考题

1. 四种受控源中的 μ、g_m、r_m 和 α 的意义是什么？如何测得？
2. 若令受控源的控制量极性反向，试问其输出量极性是否发生变化？
3. 受控源的输出特性是否适用于交流信号？

实验六　RC一阶电路的响应测试

一、实验目的

1. 测定 RC 一阶电路的零输入响应、零状态响应及全响应。
2. 学习 RC 一阶电路时间常数的测定方法。
3. 掌握有关微分电路和积分电路的概念。
4. 进一步学习用示波器测试波形。

二、实验器材

1. 函数信号发生器。
2. 双踪示波器。
3. 直流电路实验箱。

三、实验预习要求

1. 思考什么样的电信号可作为 RC 一阶电路零输入响应、零状态响应和全响应的激励信号。

2. 已知 RC 一阶电路 $R=10\text{k}\Omega$，$C=0.1\mu\text{F}$，试计算时间常数 τ，并根据其物理意义，拟定测定 τ 的方案。

四、实验原理

动态网络的过渡过程是十分短暂的单次变化过程，对时间常数 τ 较大的电路，可用慢扫描长余辉示波器观察光点移动的轨迹。然而用一般的双踪示波器观察过渡过程和测量有关的参数，必须使这种单次变化的过程重复出现。为此，可以利用信号发生器输出的方波来模拟阶跃激励信号，即令方波输出的上升沿作为零状态响应的正阶跃激励信号；方波下降沿作为零输入响应的负阶跃激励信号。只要选择方波的重复周期远大于电路的时间常数 τ，电路在这样的方波序列脉冲信号的激励下，受到的影响和直流电源接通与断开的过渡过程是基本相同的。

RC 一阶电路的零输入响应和零状态响应分别按指数规律衰减和增长，其变化的快慢决定于电路的时间常数 τ。

1. 时间常数 τ 的测定方法

图 1-6-1a 所示电路，用示波器测得零输入响应的波形，如图 1-6-1b 所示。根据一阶微分方程的求解得知

$$u_C(t)=Ee^{-\frac{t}{RC}}=Ee^{-\frac{t}{\tau}}$$

当 $t=\tau$ 时，$u_C(t)=0.368E$。

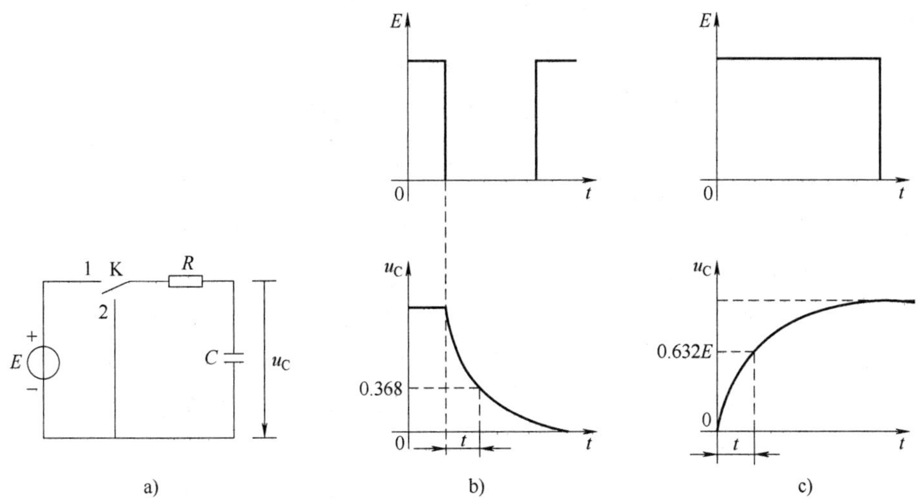

图 1-6-1　*RC* 一阶电路响应

a）*RC* 一阶电路　b）零输入响应　c）零状态响应

此时所对应的时间就等于 τ。亦可用零状态响应波形增长到 0.632*E* 所对应的时间测得，如图 1-6-1c 所示。

2. 微分电路和积分电路

微分电路和积分电路是 *RC* 一阶电路中较典型的电路，它对电路元件参数和输入信号的周期有着特定的要求。一个简单的 *RC* 串联电路，在方波序列脉冲的重复激励下，当满足 $\tau=RC\ll T/2$时（*T* 为方波脉冲的重复周期），并由 *R* 端作为响应输出，这就构成了一个微分电路，因为此时电路的输出信号电压与输入信号电压的微分成正比，如图 1-6-2a 所示。

若将图 1-6-2a 中的 *R* 与 *C* 位置调换一下，即由 *C* 端作为响应输出，且当电路参数的选择满足 $\tau=RC\gg T/2$ 条件时，即构成积分电路，因为此时电路的输出信号电压与输入信号电压的积分成正比，如图 1-6-2b 所示。

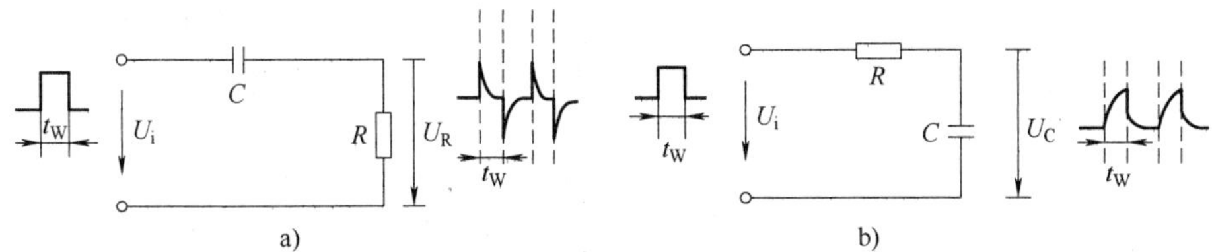

图 1-6-2　*RC* 一阶电路

a）微分电路　b）积分电路

从输出波形来看，上述两个电路均起着波形变换的作用，请在实验过程中仔细观察与记录。

五、实验内容和步骤

认清实验线路板的结构，*R*、*C* 元件的布局及其标称值，各开关的通断位置等。

1. 选择动态线路板上 R、C 元件

1）令 $R=10k\Omega$，$C=1000pF$，组成如图 1-6-1a 所示的 RC 充放电电路，E 为函数信号发生器输出，取 $U_m=3V$，$f=1kHz$ 的方波电压信号，并通过两根同轴电缆线，将激励源 u 和响应 u_C 的信号分别连接至示波器的两个输入 Y_A 和 Y_B，这时可在示波器的屏幕上观察到激励与响应的变化规律，测定时间常数 τ，并描绘 u 及 u_C 波形。

少量改变电容值或电阻值，定性观察对响应的影响，记录观察到的现象。

2）令 $R=10k\Omega$，$C=3300pF$，观察并描绘响应波形，继续增大 C 的值，定性观察对响应的影响。

2. 选择动态板上 R、C 元件，组成如图 1-6-2a 所示微分电路，令 $R=30k\Omega$，$C=3300pF$

在同样的方波激励信号（$U_m=3V$，$f=1kHz$）作用下，观察并描绘激励源 u 与响应 u_C 的波形。

增加或减少 R 的值，定性观察对响应的影响，并记录。当 R 增至∞时，观察输入输出波形有何本质上的区别。

六、实验报告要求

1. 根据实验数据，计算出三组数据的时间常数 τ 的理论值。
2. 根据实验观测结果，在方格纸上绘出 RC 一阶电路充放电时 u_C 的变化曲线，根据时间常数公式，由曲线测得 τ 值，并与参数值的计算结果做比较，分析误差原因。
3. 根据实验观测结果，归纳、总结积分电路和微分电路的形成条件，阐明波形变换的特征。
4. 撰写心得体会及其他。

七、注意事项

1. 示波器的辉度不要过亮。
2. 调节仪器旋钮时，动作不要过猛。
3. 调节示波器时，要注意触发开关和电平调节旋钮的配合使用，以使显示的波形稳定。
4. 做定量测定时，“t/div” 和 “V/div” 的微调旋钮应旋至 “校准” 位置。
5. 为防止外界干扰，函数信号发生器的接地端与示波器的接地端要连接在一起（称为共地）。

八、思考题

何谓积分电路和微分电路？它们必须具备什么条件？它们在方波序列脉冲的激励下，其输出信号波形的变化规律如何？这两种电路各有何作用？

实验七　二阶动态电路响应的研究

一、实验目的

1. 学习用实验方法研究二阶动态电路的响应，了解电路元件参数对响应的影响。

2. 观察、分析二阶电路响应的三种状态轨迹及其特点，以加深对二阶电路响应的认识与理解。

二、实验器材

1. 函数信号发生器。
2. 双踪示波器。
3. 直流电路实验箱。

三、实验预习要求

根据二阶电路实验线路元件的参数，计算出处于临界阻尼状态的 R_2 的值。

四、实验原理

一个二阶电路在方波正、负阶跃信号的激励下，可获得零状态与零输入响应，其响应的变化轨迹决定于电路的固有频率。当调节电路的元件参数值，使电路的固有频率分别为负实数、共轭复数和虚数时，可获得单调的衰减、衰减振荡和等幅振荡的响应状态。在实验中可获得过阻尼、欠阻尼和临界阻尼这三种响应波形。

简单而典型的二阶电路是一个 *RLC* 串联电路和 *GCL* 并联电路，这二者之间存在着对偶关系。本实验仅对 *GCL* 并联电路进行研究。

五、实验内容和步骤

利用动态线路板中的元件与开关的配合作用，组成如图 1-7-1 所示的 *GCL* 并联电路。所测数据填入表 1-7-1 中。

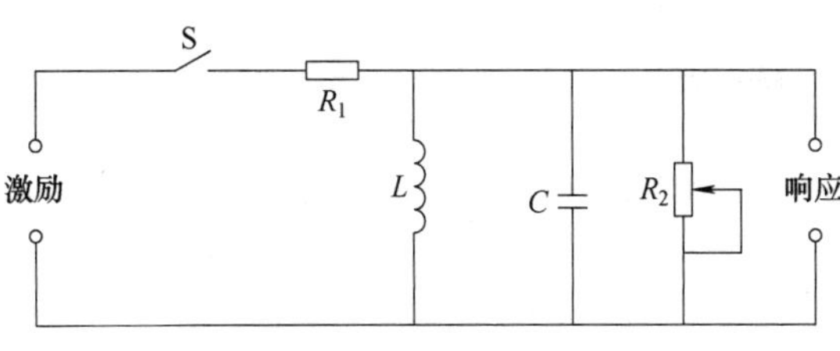

图 1-7-1　*GCL* 并联电路

令 $R_1=10\text{k}\Omega$，$L=10\text{mH}$，$C=1000\text{pF}$，R_2 为 10kΩ 可调电阻器，令函数信号发生器的输出为 $U_m=3\text{V}$，$f=1\text{kHz}$ 的方波脉冲信号，通过同轴电缆线接至图 1-7-1 的激励端，同时用同轴电缆线将激励端和响应输出端接至双踪示波器的 Y_A 和 Y_B 两个输入口。

1. 调节可变电阻器 R_2 之值，观察二阶电路的零输入响应和零状态响应由过阻尼过渡到临界阻尼，最后过渡到欠阻尼的变化过渡过程，分别定性地描绘、记录响应的典型变化波形。

2. 调节 R_2 使示波器荧光屏上呈现稳定的欠阻尼响应波形，定量测定此时电路的衰减常数 α 和振荡频率 ω_d。

表 1-7-1　*GCL* 并联电路测试

电路参数 / 实验次数	元件参数				测量值	
	R_1	R_2	L	C	α	ω_d
1	10kΩ	调至某一欠阻尼态	10mH	1000pF		
2	10kΩ		10mH	3300pF		
3	10kΩ		10mH	0. 33μF		
4	30kΩ		10mH	3300pF		

3. 改变一组电路参数，如增、减 L 或 C 的大小，重复步骤 2 的测量，并记录。随后，仔细观察改变电路参数时 ω_d 与 α 的变化趋势，并记录。

六、实验报告要求

1. 根据观测结果，在方格纸上描绘二阶电路过阻尼、临界阻尼和欠阻尼的响应波形。

1）$R_1 = 10\text{k}\Omega$，$L = 10\text{mH}$，$C = 1000\text{pF}$，接方波信号，调节电阻 R_2，使电路输出三种状态波形。

2）$R_1 = 10\text{k}\Omega$，$L = 10\text{mH}$，$C = 3300\text{pF}$，接方波信号，调节电阻 R_2，使电路输出三种状态波形。与电路 1）比较，观察波形变化（主要是幅度与周期），分析原因。

3）$R_1 = 30\text{k}\Omega$，$L = 10\text{mH}$，$C = 3300\text{pF}$，接方波信号，调节电阻 R_2，使电路输出三种状态波形。与电路 1）和 2）比较，观察波形变化（主要是幅度与周期），分析原因。

2. 测算欠阻尼振荡曲线上的 α 与 ω_d。

3. 归纳、总结电路元件参数的改变，对响应变化趋势的影响。

4. 撰写心得体会及其他。

七、注意事项

1. 调节 R_2 时，要细心、缓慢，临界阻尼要找准。

2. 观察双踪时，显示要稳定，如不同步，则可采用外同步法（查阅示波器说明）触发。

八、思考题

在示波器荧光屏上，如何测得二阶电路零输入响应欠阻尼状态的衰减常数和振荡频率？

实验八　*RC* 选频网络特性测试

一、实验目的

1. 熟悉文氏电桥电路的结构特点及其应用。
2. 学会用交流毫伏表和示波器测定文氏电桥电路的幅频特性和相频特性。

二、实验器材

1. 函数信号发生器。
2. 双踪示波器。
3. 交流毫伏表。
4. 直流电路实验箱。

三、实验预习要求

推导 *RC* 串并联电路的幅频、相频特性的数学表达式。

四、实验原理

文氏电桥电路是一个 *RC* 串并联电路，如图 1-8-1 所示，该电路结构简单，作为选频环节被广泛用于低频振荡电路中，可以获得较高纯度的低频正弦波信号。

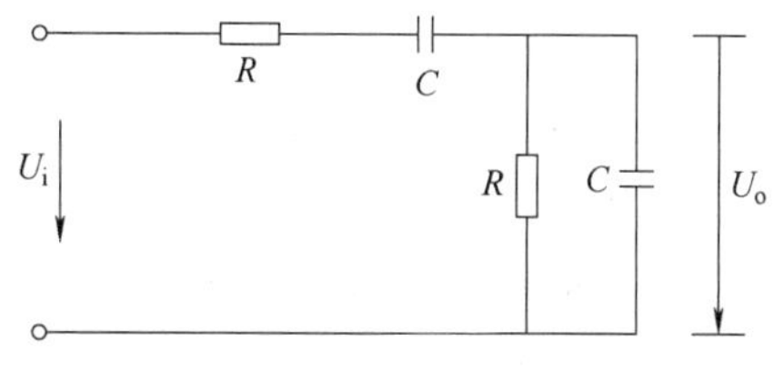

图 1-8-1　*RC* 选频网络

1. 用函数信号发生器的正弦输出信号作为图 1-8-1中 *RC* 选频网络的激励信号 U_i，并保持 U_i 值不变的情况下，改变输入信号的频率 f，用交流毫伏表或示波器测出输出端对应于各个频率点下的输出电压值，将这些数据画在以频率 f 为横轴，U_o 为纵轴的坐标纸上，用一条光滑的曲线连接这些点，该曲线就是上述电路的幅频特性曲线。

文氏桥路的一个特点是其输出电压幅度不仅会随输入信号的频率而变，而且还会出现一个与输入电压同相位的最大值，如图 1-8-2 所示。

由电路分析得知，该网络的传递函数为

$$\beta=\frac{1}{3+\mathrm{j}\ (\omega RC-1/\omega RC)}$$

当角频率 $\omega=\omega_0=\frac{1}{RC}$，即 $f=f_0=\frac{1}{2\pi RC}$ 时

$$|\beta|=\frac{U_o}{U_i}=\frac{1}{3}$$

f_0 称为电路的固有频率，并且此时 U_o 与 U_i 同相位，如图 1-8-3 所示。由图 1-8-2 和图 1-8-3 可看出 RC 串并联电路具有“带通”特性。

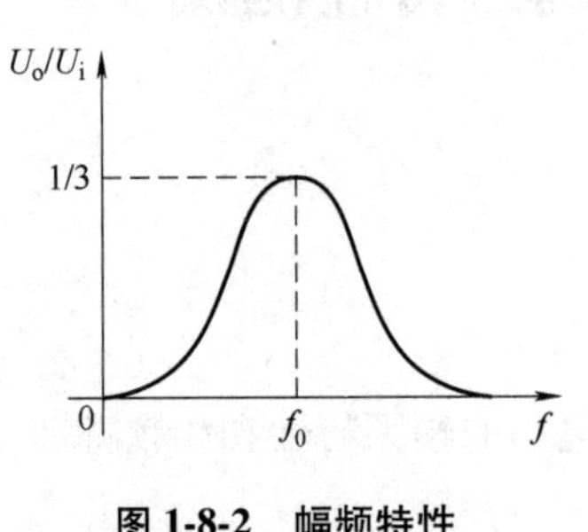

图 1-8-2　幅频特性

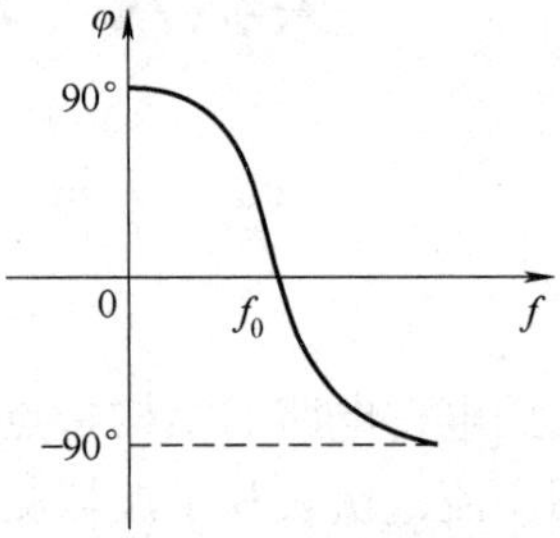

图 1-8-3　相频特性

2. 将上述电路的输入和输出分别接到双踪示波器的 Y_A 和 Y_B 两个输入端，改变输入正弦信号的频率，观测对应的输入和输出波形间的时延 τ 及信号的周期 T，则两波形间的相位差为

$$\varphi=\frac{\tau}{T}\times 360°=\varphi_o-\varphi_i \text{（输出相位与输入相位之差）}$$

将各个不同频率下的相位差 φ 测出，即可绘出被测电路的相频特性曲线，如图 1-8-3 所示。

五、实验内容和步骤

1. 测量 RC 串并联电路的幅频特性

1）在实验板上按图 1-8-1 电路选取一组参数（如 $R=1\text{k}\Omega$，$C=0.1\mu\text{F}$）。

2）调节信号源输出电压为 3V 的正弦信号，接入图 1-8-1 的输入端。

3）改变信号源的频率 f（由信号发生器直接读出），并保持 $U_i=3\text{V}$ 不变，测量输出电压 U_{o1}（可先测量 $\beta=1/3$ 时的频率 f_0，然后再在 f_0 左右设置其他频率点测量 U_{o1}），填表1-8-1。

4）另选一组参数（如 $R=200\Omega$，$C=2\mu\text{F}$），重复步骤 2）、3），填表 1-8-1。

表 1-8-1　RC 串并联电路的幅频特性测试

f/Hz	
U_{o1}/V	
$R=1\text{k}\Omega$，$C=0.1\mu\text{F}$	
U_{o2}/V	
$R=200\Omega$，$C=2\mu\text{F}$	

2. 测量 RC 串并联电路的相频特性

按实验原理说明 2 的内容、方法步骤进行，选定两组电路参数进行测量，填表 1-8-2。

表 1-8-2　*RC* 串并联电路的相频特性测试

f/Hz	
T/ms	
τ/ms	
φ	
$R=1\mathrm{k}\Omega$，$C=0.1\mu\mathrm{F}$	
τ/ms	
φ	
$R=200\Omega$，$C=2\mu\mathrm{F}$	

六、实验报告要求

1. 根据实验数据，绘制幅频特性和相频特性曲线。找出最大值，并与理论计算值比较。
2. 讨论理论值和实验值的区别。
3. 撰写心得体会及其他。

七、注意事项

由于信号源内阻的影响，注意在调节信号源输出频率时，应同时调节输出幅度，使实验电路的输入电压保持不变。

八、思考题

估算电路在两组不同参数时的固有频率 f_0。

实验九 RLC 串联谐振电路的研究

一、实验目的

1. 学习用实验方法测试 RLC 串联谐振电路的幅频特性曲线。
2. 加深理解电路发生谐振的条件、特点，掌握电路品质因数的物理意义及其测定方法。

二、实验器材

1. 函数信号发生器。
2. 交流毫伏表。
3. 双踪示波器。
4. 直流电路实验箱。

三、实验预习要求

1. 根据实验电路板给出的元件参数值，估算电路的谐振频率。
2. 改变电路的哪些参数可以使电路发生谐振？电路中 R 的数值是否影响谐振频率值？
3. 如何判别电路是否发生谐振？测试谐振点的方案有哪些？

四、实验原理

1. 幅频特性

在图 1-9-1 所示的 RLC 串联电路中，当正弦交流信号源的频率 f 改变时，电路中的感抗、容抗随之改变，电路中的电流也随 f 改变。取电路电流 I 作为响应，当输入电压 U_i 维持不变时，在不同信号频率的激励下，测出电阻 R 两端电压 U_o 之值，则 $I=U_o/R$，然后以 f 为横坐标，以 I 为纵坐标，绘出光滑的曲线，此即为幅频特性，亦称电流谐振曲线，如图 1-9-2 所示。

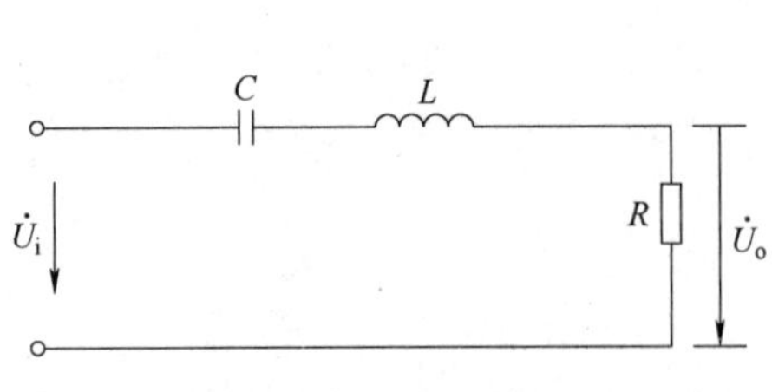

图 1-9-1 RLC 串联电路

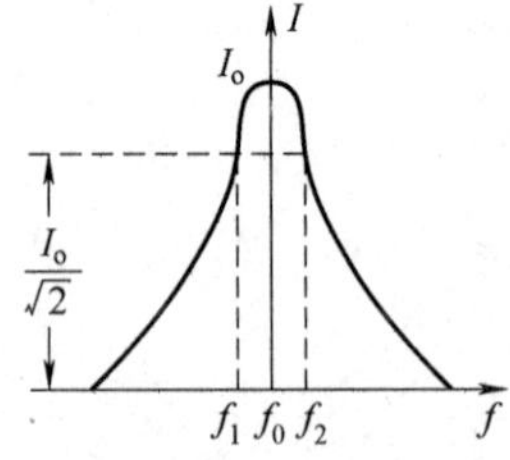

图 1-9-2 幅频特性

2. 品质因数

在 $f=f_0=\dfrac{1}{2\pi\sqrt{LC}}$ 处（$X_L=X_C$），即幅频特性曲线尖峰所在的频率点，该频率称为谐振频率，此时电路呈纯阻性，电路阻抗的模为最小。在输入电压 U_i 为定值时，电路中的电流达到最大值，且与输入电压 U_i 同相位，从理论上讲，此时 $U_i=U_{RO}=U_o$，$U_{LO}=U_{CO}=QU_i$，式中的 Q 称为电路的品质因数。

3. 电路品质因数 Q 值的两种测量方法

一种方法是根据公式 $Q=\frac{U_{LO}}{U_i}=\frac{U_{CO}}{U_i}$测定，式中，$U_{CO}$与 U_{LO}分别为谐振时电容器 C 和电感线圈 L 上的电压；另一方法是通过测量谐振曲线的通频带宽度 $\Delta f=f_2-f_1$，再根据 $Q=f_0/(f_2-f_1)$ 求出 Q 值，式中，f_0 为谐振频率，f_2 和 f_1 是失谐时，幅度下降到最大值的 $1/\sqrt{2}$（≈ 0.707）倍时的上、下频率点。

Q 值越大，曲线越尖锐，通频带越窄，电路的选择性越好。在恒压源供电时，电路的品质因数、选择性与通频带只决定于电路本身的参数，而与信号源无关。

本实验的 L 约为 30mH。

五、实验内容和步骤

1. 按图 1-9-3 所示电路接线，取 $C=2200\text{pF}$，$R=510\Omega$，调节信号源输出电压为 3V 正弦信号，并在整个实验过程中保持不变。

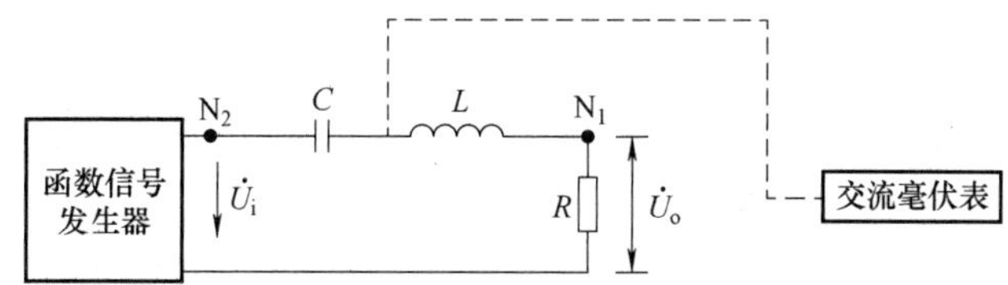

图 1-9-3　*RLC* 串联电路测试电路

2. 找出电路的谐振频率 f_0，其方法是将交流毫伏表跨接在电阻 R 两端，令信号源的频率由小逐渐变大（注意要维持信号源的输出幅度不变），当 U_o 的读数为最大时，读得信号发生器上的频率值即为电路的谐振频率 f_0，并测量 U_o、U_{LO}、U_{CO}之值（注意及时更换毫伏表的量程），记入表 1-9-1 中。

表 1-9-1　*RLC* 串联谐振电路测试（一）

R/kΩ	f_0/kHz	U_{RO}/V	U_{LO}/V	U_{CO}/V	I_o/mA	Q
0. 51						
1. 0						

3. 在谐振点两侧，应先测出下限频率 f_1 和上限频率 f_2 及相对应的 U_R 值，然后再逐点测出不同频率下 U_R 值，记入表 1-9-2 中。

4. 取 $C=6800\text{pF}$，$R=2.2\text{k}\Omega$，重复步骤 2、3 的测量过程。

表 1-9-2 *RLC* 串联谐振电路测试（二）

R/kΩ		f_0
0.51	f/kHz	
	U_R/V	
	I/mA	
1.5	f/kHz	
	U_R/V	
	I/mA	

六、实验报告要求

1. 根据测量数据，绘出不同 Q 值时两条幅频特性曲线。
2. 计算出通频带与 Q 值，说明不同 R 值时对电路通频带与品质因数的影响。
3. 对两种不同测 Q 值的方法进行比较，分析误差原因。
4. 通过本次实验，总结和归纳串联谐振电路的特性。
5. 撰写心得体会及其他。

七、注意事项

1. 测试频率点的选择应在靠近谐振频率附近多取几点，在变换频率测试时，应调整信号输出幅度，使其维持在 3V 输出不变。

2. 在测量 U_{CO} 和 U_{LO} 数值前，应及时改换毫伏表的量程，而且在测量 U_{CO} 与 U_{LO} 时毫伏表的“+”端接 C 与 L 的公共点，其接地端分别触及 L 和 C 的近地端 N_1 和 N_2。

3. 实验过程中交流毫伏表电源线采用两线插头。

八、思考题

1. 电路发生串联谐振时，为什么输入电压不能太大，如果信号源给出 3V 的电压，电路谐振时，用交流毫伏表测 U_L 和 U_C，应该选择多大的量程？

2. 要提高 *RLC* 串联电路的品质因数，电路参数应如何改变？

3. 谐振时，比较输出电压 U_o 与输入电压 U_i 是否相等？试分析原因。

4. 谐振时，对应的 U_{CO} 与 U_{LO} 是否相等？如有差异，试分析原因。

实验十　双口网络测试

一、实验目的

1. 加深理解双口网络的基本理论。
2. 掌握直流双口网络传输参数的测量技术。

二、实验器材

1. 可调直流稳压电源 0~10V。
2. 数字万用表。
3. 直流电路实验箱。

三、实验预习要求

试述双口网络同时测量法与分别测量法的测量步骤、优缺点及其适用情况。

四、实验原理

对于任何一个线性网络，所关心的往往只是输入端口和输出端口电压和电流间的相互关系，通过实验测定方法求取一个极其简单的等值双口电路来替代原网络，此即为“黑盒理论”的基本内容。

1）一个双口网络两端口的电压和电流四个变量之间的关系，可以用多种形式的参数方程来表示。本实验采用输出口的电压 U_2 和电流 I_2 作为自变量，以输入口的电压 U_1 和电流 I_1 作为应变量，所得的方程称为双口网络的传输方程，如图 1-10-1 所示的无源线性双口网络（又称为四端网络）的传输方程为

图 1-10-1　无源线性双口网络

$$U_1 = AU_2 + BI_2$$

$$I_1 = CU_2 + DI_2$$

式中，A、B、C、D 为双口网络的传输参数，其值完全决定于网络的拓扑结构及各支路元件的参数值，这四个参数表征了该双口网络的基本特性，它们的含义如下：

$$A = \frac{U_{10}}{U_{20}}$$（令 $I_2=0$，即输出口开路时）

$$B = \frac{U_{1S}}{U_{2S}}$$（令 $U_2=0$，即输出口短路时）

$$C = \frac{I_{10}}{I_{20}}$$（令 $I_2=0$，即输出口开路时）

$$D=\frac{I_{1S}}{I_{2S}}\text{（令 }U_2=0\text{，即输出口短路时）}$$

由上可知，只要在网络的输入口加上电压，在两个端口同时测量其电压和电流，即可求出 A、B、C、D 四个参数，此即为双端口同时测量法。

2）若要测量一条远距离输电线构成的双口网络，采用同时测量法就很不方便，这时可采用分别测量法，即先在输入口加电压，而将输出口开路和短路，在输入口测量电压和电流，由传输方程可得

$$R_{10}=\frac{U_{10}}{I_{10}}=\frac{A}{C}\text{（令 }I_2=0\text{，即输出口开路时）}$$

$$R_{1S}=\frac{U_{1S}}{I_{1S}}=\frac{B}{D}\text{（令 }U_2=0\text{，即输出口短路时）}$$

然后在输出口加电压测量，而将输入口开路和短路，此时可得

$$R_{20}=\frac{U_{20}}{I_{20}}=\frac{D}{C}\text{（令 }I_1=0\text{，即输入口开路时）}$$

$$R_{2S}=\frac{U_{2S}}{I_{2S}}=\frac{B}{A}\text{（令 }U_1=0\text{，即输入口短路时）}$$

R_{10}，R_{1S}，R_{20}，R_{2S}分别表示一个端口开路和短路时另一端口的等效输入电阻，这四个参数中有三个是独立的$\left(\frac{R_{10}}{R_{20}}=\frac{R_{1S}}{R_{2S}}=\frac{A}{D}\right)$，即 $AD-BC=1$。

至此，可求出四个传输参数为

$$A=\sqrt{R_{10}/(R_{20}-R_{2S})}\text{，}B=R_{2S}A\text{，}C=A/R_{10}\text{，}D=R_{20}C$$

3）双口网络级联后的等效双口网络的传输参数亦可采用前述的方法之一求得。从理论推得两双口网络级联后的传输参数与每一个参加级联的双口网络的传输参数之间有如下的关系：

$$A=A_1A_2+B_1C_2$$
$$B=A_1B_2+B_1D_2$$
$$C=C_1A_2+D_1C_2$$
$$D=C_1B_2+D_1D_2$$

五、实验内容和步骤

双口网络实验电路如图 1-10-2 所示。

将直流稳压电源输出电压调至 10V，作为双口网络的输入。数据分别填入表 1-10-1、表 1-10-2和表 1-10-3。

1. 按同时测量法分别测定两个双口网络的传输参数 A_1、B_1、C_1、D_1 和 A_2、B_2、C_2、D_2，并列出它们的传输方程。

2. 将两个双口网络级联后，用两端口分别测量法测量级联后等效双口网络的传输参数 A、B、C、D，并验证等效双口网络传输参数与级联的两个双口网络传输参数之间的关系。

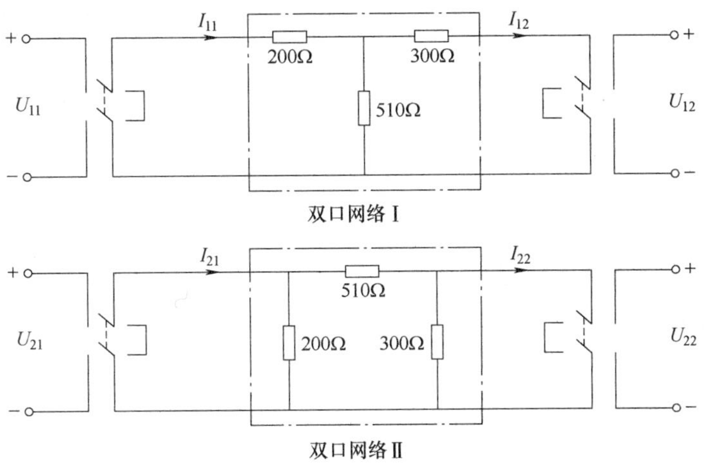

图 1-10-2 双口网络实验电路

表 1-10-1 双口网络 I 电路测试

		测 量 值			计 算 值	
双口网络 I	输出端开路 $I_{12}=0$	U_{110}/V	U_{120}/V	I_{110}/mA	A_1	B_1
	输出端短路 $U_{12}=0$	U_{11S}/V	I_{11S}/mA	I_{12S}/mA	C_1	D_1

表 1-10-2 双口网络 Ⅱ 电路测试

		测 量 值			计 算 值	
双口网络 Ⅱ	输出端开路 $I_{22}=0$	U_{210}/V	U_{220}/V	I_{210}/mA	A_2	B_2
	输出端短路 $U_{22}=0$	U_{21S}/V	I_{21S}/mA	I_{22S}/mA	C_2	D_2

表 1-10-3 双口网络级联测试

输出端开路 $I_2=0$			输出端短路 $U_2=0$			计算传输参数
U_{10}/V	I_{10}/mA	R_{10}/kΩ	U_{1S}/V	I_{1S}/mA	R_{1S}/kΩ	
输入端开路 $I_1=0$			输入端短路 $U_1=0$			$A=$ $B=$ $C=$ $D=$
U_{20}/V	I_{20}/mA	R_{20}/kΩ	U_{2S}/V	I_{2S}/mA	R_{2S}/kΩ	

六、实验报告要求

1. 完成对数据表格的测量和计算任务。
2. 列写参数方程。

3. 验证级联后等效双口网络的传输参数与级联的两个双口网络传输参数之间的关系。
4. 总结、归纳双口网络的测试技术。
5. 撰写心得体会及其他。

七、注意事项

1. 用电流插头、插座测量电流时，要注意判别电流表的极性及选取适合的量程（根据所给的电路参数，估算电流表量程）。

2. 两个双口网络级联时，应将一个双口网络Ⅰ的输出端与另一双口网络Ⅱ的输入端连接。

八、思考题

本实验方法可否用于交流双口网络的测定？

实验十一　用三表法测量电路等效参数

一、实验目的

1. 学会用交流电压表、交流电流表和功率表测量元件交流等效参数的方法。
2. 学会功率表的接法和使用方法。

二、实验器材

1. 交流电压表（0~500V）。
2. 交流电流表（0~5A）。
3. 单相功率表。
4. 自耦调压器。
5. 镇流器（电感线圈）。
6. 电容器（1μF，4.7μF/500V）。
7. 白炽灯（15W /220V）。

三、实验预习要求

预习三表法的测量原理。

四、实验原理

1. 三表法

正弦交流信号激励下的元件值或阻抗值，可以用交流电压表、交流电流表及功率表分别测量出元件两端的电压 U、流过该元件的电流 I 和它所消耗的功率 P，然后通过计算得到所求的各值，这种方法称为三表法，是用以测量 50Hz 交流电路参数的基本方法。

计算的基本公式如下：

阻抗的模：$|Z|=\dfrac{U}{I}$。

电路的功率因数：$\cos\varphi=\dfrac{P}{UI}$。

等效电阻：$R=\dfrac{P}{I^2}=|Z|\cos\varphi$。

等效电抗：$X=|Z|\sin\varphi$，或 $X=X_L=2\pi fL$，$X=X_C=\dfrac{1}{2\pi fC}$。

2. 阻抗性质的判别方法

可用在被测元件两端并联电容或将被测元件与电容串联的方法来判别。其原理如下：

1）在被测元件两端并联一只适当容量的试验电容，若串接在电路中电流表的读数增大，则被测阻抗为容性，电流减小则为感性。

图 1-11-1a 中，Z 为待测定的元件，C'为试验电容器。图 1-11-1b 是图 1-11-1a 的等效电路，图中 G、B 为待测阻抗 Z 的电导和电纳，B'为并联电容 C'的电纳。在端电压有效值不变的条件下，按下面两种情况进行分析。

① 设 $B+B'=B''$，若 B'增大，B''也增大，则电路中电流 I 将单调地上升，故可判断 B 为容性元件。

② 设 $B+B'=B''$，若 B'增大，而 B''先减小然后再增大，电流 I 也是先减小后增大，如图 1-11-2所示，则可判断 B 为感性元件。

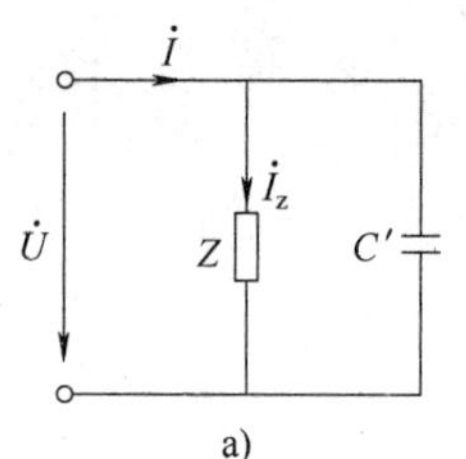

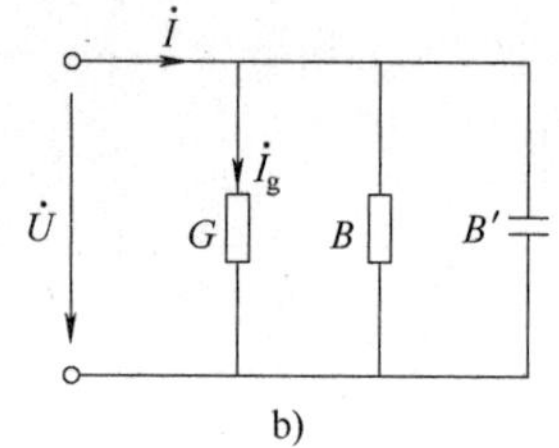

图 1-11-1　并联电容测量法

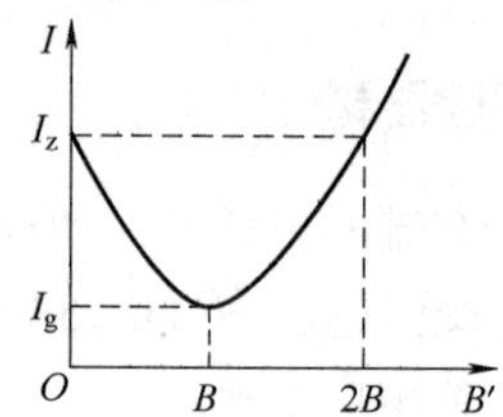

图 1-11-2　电流与电纳关系曲线图

由以上分析可见，当 B 为容性元件时，对并联电容 C'值无特殊要求；而当 B 为感性元件时，$B'<|2B|$才有判定为感性的意义。$B'>|2B|$时，电流单调上升，与 B 为容性时相同，并不能说明电路是感性的。因此 $B'<|2B|$是判断电路性质的可靠条件，由此得判定条件为 $C'<\left|\frac{2B}{\omega}\right|$。

2）与被测元件串联一个适当容量的试验电容，若被测阻抗的端电压下降，则判为容性，若端压上升则为感性，判定条件为$\frac{1}{\omega C'}<|2X|$，式中，X 为被测阻抗的电抗值，C'为串联试验电容值，此关系式可自行证明。

判断待测元件的性质，除上述借助于试验电容 C'测定法外，还可以利用该元件的电流 i 与电压 u 之间的相位关系来判断。若 i 超前于 u，则为容性；若 i 滞后于 u，则为感性。

3. 本实验所用的功率表为智能交流功率表，其电压接线端应与负载并联，电流接线端应与负载串联。

五、实验内容和步骤

三表法测试电路如图 1-11-3 所示，所测数据填表 1-11-1。

表 1-11-1　三表法测试数据

被测阻抗	测量值			计算值		电路等效参数		
	U/V	I/A	P/W	$\cos\varphi$	Z/Ω	R/Ω	L/mH	C/μF
15W 白炽灯（R）								
40W 荧光灯镇流器（L）								
电容器（C）								
L 与 C 串联								
L 与 C 并联								

1. 按图 1-11-3 连接线路，并经检查后，方可接通电源。

2. 分别测量 15W 白炽灯（R）、40W 荧光灯镇流器（L）和 4.7μF 电容器（C）的等效参数。

3. 测量 L、C 串联与并联后的等效参数。

4. 验证用串、并试验电容法判别负载性质的正确性。

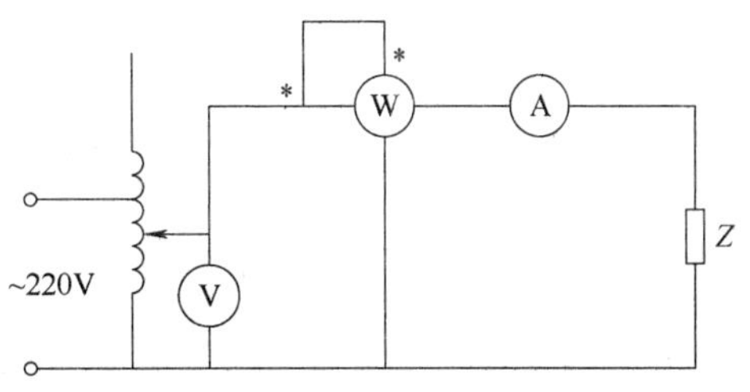

图 1-11-3　三表法测试电路

实验电路同图 1-11-3，但不必接功率表，按表 1-11-2 内容进行测量和记录。

表 1-11-2　三表法测试负载特性数据

被测元件	串联 1μF 电容		并联 1μF 电容	
	串联前端电压/V	串联后端电压/V	并联前电流/A	并联后电流/A
R（三只 15W 白炽灯）				
C（4.7μF）				
L（1H）				

六、实验报告要求

1. 根据实验数据，完成各项计算。

2. 根据实验内容的观察结果，分别绘出等效电路图，计算出等效电路参数并判定负载的性质。

3. 撰写心得体会及其他。

七、注意事项

1. 本实验直接用市电 220V 交流电源供电，实验中要特别注意人身安全，不可用手直接触摸通电线路的裸露部分，以免触电，进实验室应穿绝缘鞋。

2. 自耦调压器在接通电源前，应将其手柄置在零位上。调节时，使其输出电压从零开始逐渐升高。每次改接实验线路、换拨黑匣子上的开关及实验完毕，都必须先将其旋柄慢慢调回零位，再断电源。必须严格遵守这一安全操作规程。

3. 实验前应详细阅读智能交流功率表的使用说明书，熟悉其使用方法。

八、思考题

1. 在 50Hz 的交流电路中，测得一只铁心线圈的 P、I 和 U，如何算得它的阻值及电感量？

2. 如何用串联电容的方法来判别阻抗的性质？试用 I 随 $X'C$（串联容抗）的变化关系做定性分析，证明串联试验时，C'满足$\frac{1}{\omega C'}<|2X|$。

实验十二　正弦稳态交流电路相量的研究

一、实验目的

1. 研究正弦稳态交流电路中电压、电流相量之间的关系。
2. 掌握荧光灯线路的接线。
3. 理解改善电路功率因数的意义并掌握其方法。

二、实验器材

1. 交流电压表（0~450V）。
2. 交流电流表（0~5A）。
3. 功率表。
4. 自耦调压器。
5. 镇流器、辉光启动器（与40W灯管配用）。
6. 荧光灯灯管（40W）。
7. 电容器（1μF，2.2μF，4.7μF/500V）。
8. 白炽灯及灯座（220V，15W）。

三、实验预习要求

复习基尔霍夫定律和电路功率因数的计算。

四、实验原理

1. 在单相正弦交流电路中，用交流电流表测得各支路的电流值，用交流电压表测得回路各元件两端的电压值，它们之间的关系满足相量形式的基尔霍夫定律，即 $\Sigma\dot{I}=0$ 和 $\Sigma\dot{U}=0$。

2. 图1-12-1所示的 RC 串联电路，在正弦稳态信号 $\dot{U}$ 的激励下，$\dot{U}_R$ 与 $\dot{U}_C$ 保持有 90° 的相位差，即当 R 阻值改变时，$\dot{U}_R$ 的相量轨迹是一个半圆。

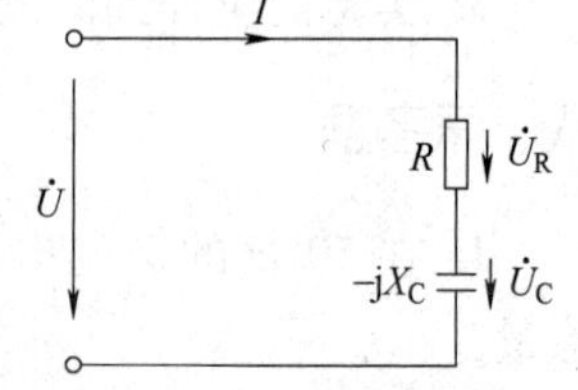

图1-12-1　*RC* 串联电路

$\dot{U}$、$\dot{U}_C$ 与 $\dot{U}_R$ 三者形成一个直角形的电压三角形，如图1-12-2所示。R 值改变时，可改变 φ 角的大小，从而达到移相的目的。

3. 荧光灯电路如图1-12-3所示，图中A是荧光灯管，L 是镇流器，S是辉光启动器，C 是补偿电容器，用以改善电路的功率因数（$\cos\varphi$）。有关荧光灯的工作原理请自行翻阅有关资料。

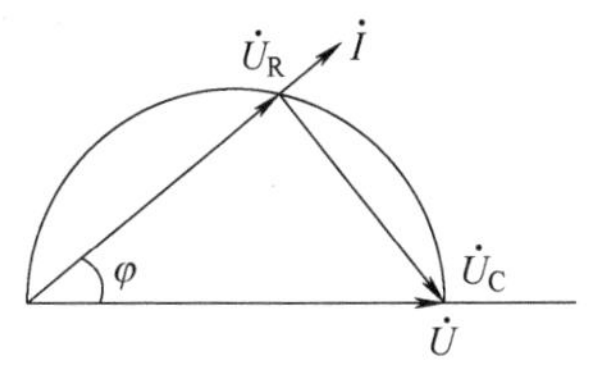

图 1-12-2　*RC* 串联电路相量图

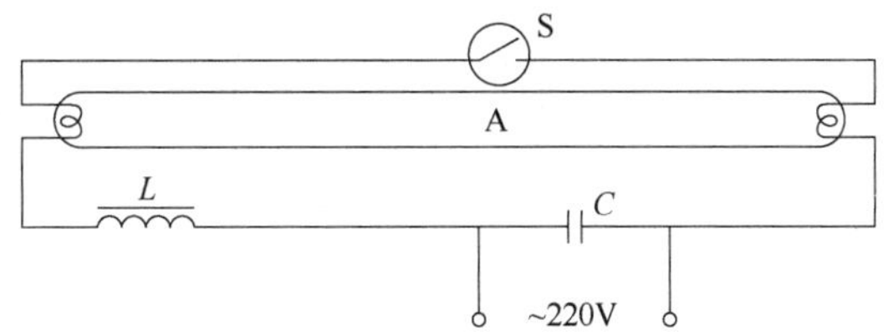

图 1-12-3　荧光灯电路

五、实验内容和步骤

1. 按图 1-12-1 接线。R 为 220V、15W 的白炽灯泡，电容器为 4.7μF/500V。经指导教师检查后，接通实验台电源，将自耦调压器输出（即 U）调至 220V。记录 U、U_R、U_C 值，验证电压三角形关系，填表 1-12-1。

表 1-12-1　*RC* 串联电路测试数据

测量值			计算值		
U/V	U_R/V	U_C/V	U'（与 U_R、U_C 组成直角三角形）（$U'=\sqrt{U_R^2+U_C^2}$）	$\Delta U=U'-U$/V	$\Delta U/U$（%）

2. 荧光灯电路接线与测量。按图 1-12-4 接线。经指导教师检查后接通实验台电源，调节自耦调压器的输出，使其输出电压缓慢增大，直到荧光灯刚启辉点亮为止，记下三个表的指示值。然后将电压调至 220V，测量功率 P，电流 I，电压 U、U_L、U_A 等值，验证电压、电流相量关系，填表 1-12-2。

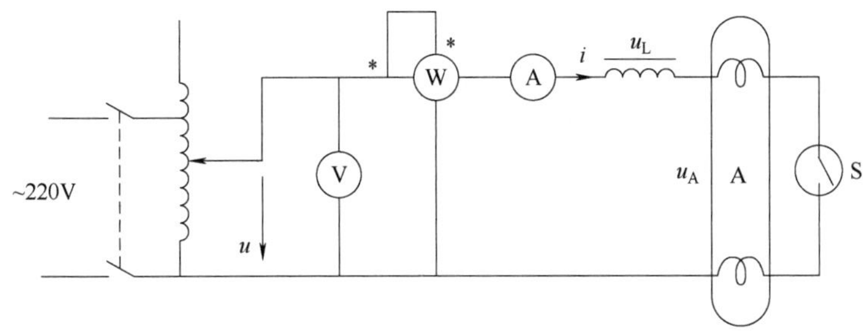

图 1-12-4　荧光灯测量电路

表 1-12-2　荧光灯电路测试数据

	测量值						计算值	
	P/W	$\cos\varphi$	I/A	U/V	U_L/V	U_A/V	r/Ω	$\cos\varphi$
启辉值								
正常工作值								

3. 并联电路——电路功率因数的改善。按图 1-12-5 组成实验电路。经指导老师检查后，接通实验台电源，将自耦调压器的输出调至 220V，记录功率表、电压表读数。通过一只电流表和三个电流插座分别测得三条支路的电流，改变电容值，进行三次重复测量，数据记入表 1-12-3 中。

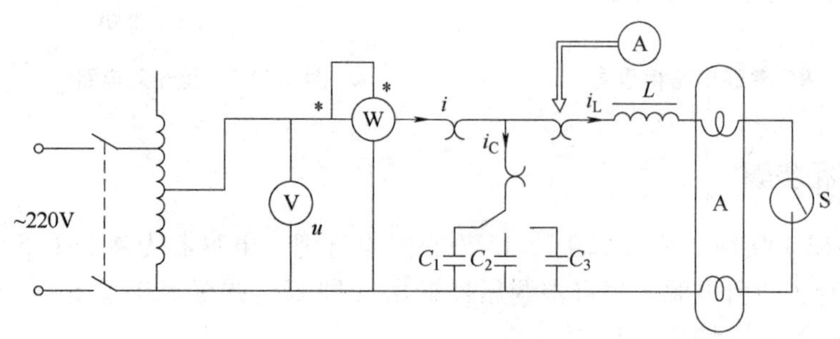

图 1-12-5 荧光灯并联电路

表 1-12-3 荧光灯并联线路测试数据

电容值 /μF	测量值						计算值	
	P/W	$\cos\varphi$	U/V	I/A	I_L/A	I_C/A	I/A	$\cos\varphi$
0								
1								
2.2								
4.7								

六、实验报告要求

1. 完成数据表格中的计算，进行必要的误差分析。
2. 根据实验数据，分别绘出电压、电流相量图，验证相量形式的基尔霍夫定律。
3. 讨论改善电路功率因数的意义和方法。
4. 撰写装接荧光灯线路的心得体会及其他。

七、注意事项

1. 本实验用交流市电 220V，务必注意用电和人身安全。
2. 功率表要正确接入电路。
3. 电路接线正确，荧光灯不能启辉时，应检查辉光启动器及其接触是否良好。

八、思考题

1. 参阅课外资料，了解荧光灯的启辉原理。

2. 在日常生活中，当荧光灯上缺少了辉光启动器时，人们常用一根导线将辉光启动器的两端短接一下，然后迅速断开，使荧光灯点亮（DG09 实验挂箱上有短接按钮，可用它代替辉光启动器做一下实验），或用一只辉光启动器去点亮多只同类型的荧光灯，这是为什么？

3. 为了改善电路的功率因数，常在感性负载上并联电容器，此时增加了一条电流支路，试问电路的总电流是增大还是减小？此时感性元件上的电流和功率是否改变？

4. 提高线路功率因数为什么只采用并联电容法，而不用串联法？所并的电容是否越大越好？

第二部分

模拟电子技术基础

实验一　印制电路板（PCB）的制作

一、实验目的

1. 学习 PCB 的制作原理和方法。
2. 熟悉 PCB 的制作过程。
3. 制作实验电路板。

二、实验器材

1. 计算机、激光打印机、热转印机、曝光箱等；
2. 腐蚀箱、三氯化铁、盐酸、过氧化氢等；
3. 覆铜板。

三、实验预习要求

1. 了解 Altium Designer 的使用。
2. 了解焊接技术。

四、实验原理

覆铜板是在环氧树脂的基板上覆盖一层铜箔而制成，它是制作印制电路板的基板材料。PCB（Printed Circuit Board）即印制电路板，又称印刷电路板，它是将电子元器件之间的电气连接或电绝缘做在覆铜板上。PCB 是电子元器件的支撑体，也是进行电气连接的提供者。由于是采用电子印刷术制作的，故称“印制”电路板。电子设备采用印制板后，由于印制板的一致性，从而避免了人工接线的差错，还可实现电子元器件自动插装或贴装、自动焊锡、自动检测。既保证了电子设备的质量，又提高了劳动生产率、降低了成本。

根据电路层数分类，PCB 可分为单面板、双面板和多层板。常见的多层板一般为 4 层板或 6 层板，复杂的多层板可达几十层。

PCB 制作方法主要有热转印法、感光法和雕刻法。

1. 热转印法

热转印法是用激光打印机将电路图打印在热转印纸上（一种表面光滑的专用纸），通过热转印机加热的方法将电路图转印到覆铜板上。然后经过腐蚀，被电路图覆盖部分的铜箔保留下来，未覆盖部分的铜箔被腐蚀掉，制成印制电路板。该方法简单、便于操作，但对打印机和墨粉要求较高，否则会出现断线现象。

2. 感光法

感光法是将感光材料涂在覆铜板上，制成感光覆铜板。再将打印在透明胶片上的电路图贴在覆铜板上进行曝光，然后在显影液中进行显影，将未曝光部分（被电路图遮挡）保留下来，曝过光的部分（未被电路图遮挡）被去掉，再经腐蚀制成印制电路板。该方法速度快、精度高、成本低，被广泛采用。

3. 雕刻法

雕刻法是指高速旋转的雕刻刀在计算机的控制下，将覆铜板上不需要的铜箔刻掉，制成印制电路板。该方法简单、环保，但制作成本高，一般用于电路板的打样。

五、实验内容和步骤

1. 热转印法制作电路板

（1）绘制电路板。

1）按照实验要求用 Altium Designer 绘制实验电路板图。

2）用激光打印机，将绘制的电路板图打印在热转印纸上，制成电路图底稿。

（2）按照线路板图的尺寸大小裁剪合适的电路板，将电路图的墨面对着覆铜板的铜面置于上面，压紧固定。在准备推入热转印机的边上贴上透明胶布。这一点很关键，不然热转印中容易错位造成整个制作过程失败。选用透明胶布的原因是因为它耐热、厚度薄、取材方便。

（3）放入热转印机前要预热。PCB 没有预热时吸附油墨的能力很差，在揭纸的一刻与热转印纸争夺油墨会处于劣势。预热方法就是把 PCB 置于热转印机的铁皮隔热罩上边，因为热转印机铁皮隔热罩是散热装置，温度较高。预热一般需要 10min 左右。

（4）将贴有透明胶布的那一边推入过塑机，进行热转印。

（5）取出后让其自然冷却，急冷或立即水洗有可能很快起皱，从而影响质量。

（6）轻缓揭掉热转印纸，露出电路图。

（7）腐蚀电路板。

1）腐蚀剂用三氯化铁（$FeCl_3$）或盐酸+过氧化氢（$HCl+H_2O_2$）。三氯化铁用水溶解，倒入腐蚀箱中，温度控制在 40~60℃。

2）将制备好的覆铜板放入腐蚀箱中，铜面向上。覆铜板腐蚀前要清理干净，最好用三氯化铁溶液清洗 5~10s，用水洗净再进行热转印。

3）间隔 2min 晃动一下感光覆铜板或三氯化铁溶液，使其化学反应均匀。

4）当不需要部分的铜完全腐蚀掉后（参考时间为 10~20min）。取出 PCB 用清水冲洗干净。对不完善的地方进行必要地修整。在以上操作过程中注意不要将三氯化铁腐蚀液溅到身体上或其他物品上。

（8）在线路板的四个边缘，用 ϕ0.6mm 的钻头打定位孔。

(9) 将打印好的原理图，在四个边缘用 ϕ0.6mm 的钻头打定位孔（或用大头针扎透）。墨面对着覆铜板的环氧树脂面，另一面用白纸保护，在准备推入热转印机的边上贴上透明胶布，再放入热转印机进行热转印，印出原理图，便于安装元件。注意线路图底板的正反面，不要贴反。

(10) 在需要插入元件的地方，根据元件管脚的大小，选择适当直径的钻头打孔。

(11) 将需要焊接的地方（焊盘）清理掉墨面，露出覆铜板，未清理的墨面作为阻焊。

(12) 在焊盘上涂松香水，便于焊接和防止氧化。

2. 感光法制作电路板

(1) 绘制电路板。

1) 介绍用 Altium Designer 绘制电路板的方法。

2) 按照实验要求绘制实验电路板图。

(2) 打印电路板胶片。

用激光打印机，将绘制的电路板图打印在透明胶片上，制成底板。

(3) 电路板曝光。

1) 按照电路板图的尺寸大小裁剪合适的线路板。

2) 将电路板的保护层除去。保护层不能提前撕掉，以免感光报废。

3) 将电路板图底板的正面（有墨粉的一面）贴在感光覆铜板上，用玻璃压紧固定。固定后不能再相互移动。

4) 用曝光箱曝光 50s（或自然光感光，曝光时间根据光强而定）。

(4) 显影。

1) 将专用显影剂，按说明用水稀释。温度控制在 20~30℃。

2) 将已经感光的感光覆铜板，放在专用显影液中显影，显影参考时间 2~5min。当显影清晰后即可停止。

3) 将显影后的覆铜板用清水冲洗干净。

(5) 腐蚀电路板。

1) 将三氯化铁用水溶解。温度控制在 40~60℃。

2) 将制备好的感光覆铜板放入其中，铜面向上。

3) 间隔 2min 晃动一下感光覆铜板或三氯化铁溶液，使其化学反应均匀。

4) 当感光部分的铜箔完全腐蚀掉后（参考时间 10~20min）。用清水冲洗干净。对不完善的地方进行必要的修整。在以上操作过程中注意：不要将显影液和三氯化铁腐蚀液溅到身体上或其他物品上。

(6) 在需要插入元件的地方，根据元件管脚的大小，选择适当直径钻头打孔。

六、实验报告要求

总结制板过程中的经验。

七、注意事项

1. 腐蚀过程中，操作人员应该戴口罩和橡胶手套。

2. 如果有皮肤接触腐蚀液，应该立即用水冲洗至少 15min；如果较严重，先冲洗至少 15min 后就医。

3. 实验完成以后的废液，应该加入大量的水稀释以后注入废水系统。

八、思考题

覆铜板在腐蚀前为什么要清理干净？

实验二　整流电路

一、实验目的

1. 熟悉单相半波、全波（桥式）整流电路。
2. 熟悉示波器、数字万用表的正确使用。
3. 初步掌握电路焊接技术。

二、实验器材

1. 双踪示波器。
2. 数字万用表。
3. 电烙铁、实验电路板、元器件等。

三、实验预习要求

1. 复习相关理论，熟悉示波器、万用表的使用方法。
2. 熟悉（焊接）实验电路，明确各元件的作用，判别元件的好坏。

四、实验原理

整流电路是利用半导体二极管的单向导电性，将交流电压转变为脉动的直流电压，图 2-2-1所示为半波整流电路。

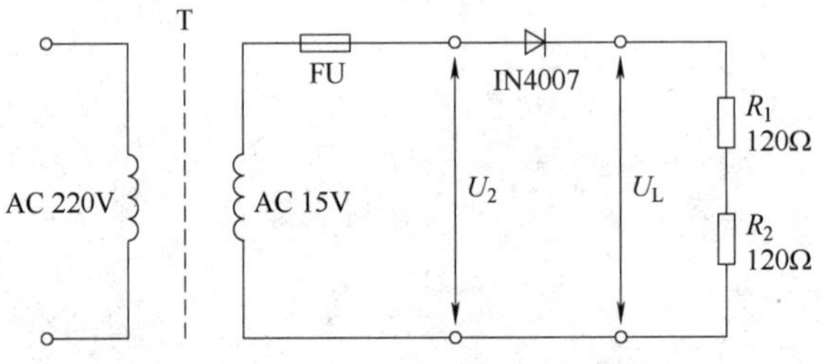

图 2-2-1　半波整流电路

T 为电源变压器，其作用是将交流 220V 变为 15V，FU 为 0.5A 熔断器，用以电路保护。IN4007 为整流二极管，整流电流 1A，反向击穿电压 1000V，R_1、R_2 为负载电阻。若变压器选择合适，在二极管导通时，理论上 U_L 和 U_2 的关系为

$$U_L \approx 0.45U_2$$

二极管在截止时承受$\sqrt{2}U_2$的反向电压。在实际电路中，二极管有一个管压降，硅管约为 0.6~0.8V，锗管约为 0.2~0.3V，实际的输出电压和理论值存在误差。

全波整流电路如图 2-2-2 所示，整流电路由 VD_1 ~ VD_4 组成，在电源的正半周 VD_2、VD_3 导通，VD_1、VD_4 截止。在电源的负半周 VD_1、VD_4 导通，VD_2、VD_3 截止。二极管在截止

时承受$\sqrt{2}U_2$的反向电压。

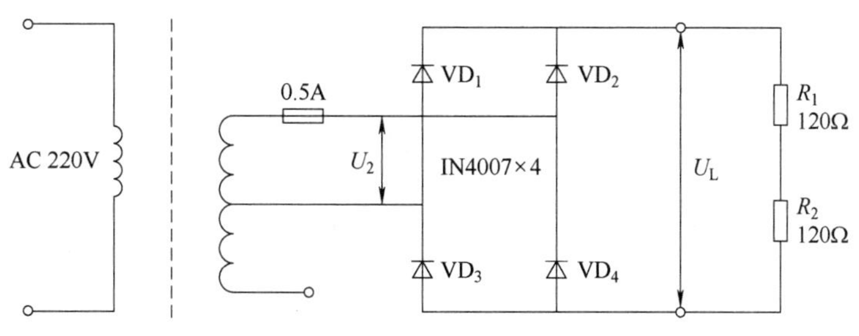

图 2-2-2　全波整流电路

理论上 U_L 和 U_2 的关系为

$$U_L \approx 0.9U_2$$

在该电路中，无论是在电源的正半周还是负半周都有两个管压降，使得输出电压和理论值存在误差。

五、实验内容和步骤

1. 单相半波整流电路

参考电路图 2-2-1，按要求挑选合适元件，用万用表判别元件的好坏，按电路图的位置连（焊）接电路。经检查无误后接通电源。

用示波器观测 U_2 及 U_L 的波形，用万用表分别测量其数值填入表 2-2-1。验证半波整流公式：$U_L=0.45U_2$。

表 2-2-1　半波整流输出参数测试

输入电压 U_2	理论计算 U_L	实测 U_L	误　差

2. 桥式整流电路

全波（桥式）整流电路。实验电路如图 2-2-2 所示。按图选择元件，用万用表判别元件的好坏，按电路图的位置焊接电路。经检查无误后接通电源。

用示波器观测 U_2 及 U_L 的波形，分别测量其数值填入表 2-2-2。验证全波整流公式：$U_L=0.9U_2$。

表 2-2-2　全波整流输出参数测试

输入电压 U_2	理论计算 U_L	实测 U_L	误　差

六、实验报告要求

1. 在表 2-2-1、表 2-2-2 中记录实验数据和数据处理。
2. 描绘出半波和全波整流的输入、输出电压波形。

3. 将实验结果与理论值做比较。
4. 分析误差产生的原因。

七、注意事项

1. 变压器在使用过程中避免短路。
2. 避免二极管的正负极接反。

八、思考题

简述半波和全波整流的电路原理。

实验三　滤波及稳压电路

一、实验目的

1. 进一步熟悉单相半波、全波（桥式）整流电路。
2. 初步掌握示波器、数字万用表的使用。
3. 观测电容滤波作用，了解并联稳压电路。
4. 掌握电路板的焊接技术。

二、实验器材

1. 双踪示波器。
2. 数字万用表。
3. 实验电路板，元器件等。

三、实验预习要求

1. 复习电容滤波、稳压管并联稳压电路的有关内容。
2. 查阅手册，了解稳压管的技术参数和使用方法。

四、实验原理

1. 电容滤波

电容滤波电路如图 2-3-1 所示。电容器是储能元件，其端电压呈指数规律连续变化，不能发生突变。选取适当的电容 C 与负载电阻 R_L 并联，可使负载两端的电压波形变得比较平滑。在电容滤波电路中，电容放电的时间常数 $\tau=R_LC$ 越大，放电过程越慢，则输出直流电压越高，同时脉动成分也越小，滤波效果越好。当 $R_LC=\infty$ 时，输出直流电压 $U_o=\sqrt{2}U_2$，脉动系数 $S=0$。因此，应选择大电容为滤波电容。

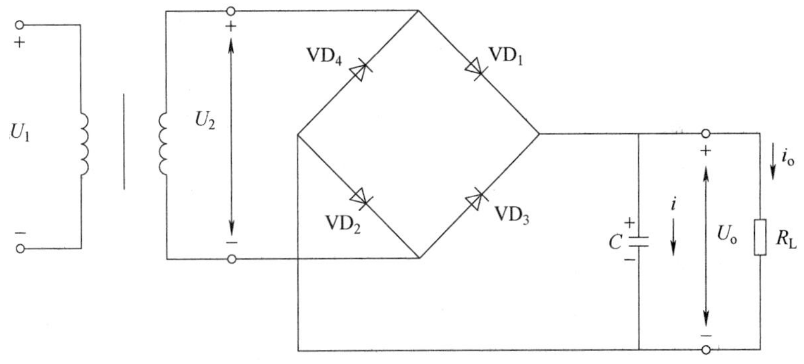

图 2-3-1　电容滤波电路

在实际工作中，为了得到较好的滤波效果，常常根据下式来选择整流滤波电容的容量：

$$R_L C \geqslant (3\sim5)\frac{T}{2}$$

式中，T 为电网交流电压的周期。由于电容值比较大，一般为几十至几千微法，可选用电解电容器。电容器的耐压应大于$\sqrt{2}\,U_2$。连接电路时注意电容的极性不要接反。若滤波电容的容值满足上式时，可认为输出直流电压近似为

$$U_o \approx 1.2U_2$$

2. 稳压管并联稳压

稳压管稳压电路的原理图如图 2-3-2 所示。整流滤波后得到的直流电压作为稳压电路的输入电压 U_I，稳压管 VZ 与负载电阻 R_L 并联，为了保证工作在反向击穿区，稳压管要处于反向连接状态。限流电阻 R 是很重要的组成元件，其阻值必须选择恰当，才能保证稳压电路在电网电压或负载变化时，很好地实现稳压作用。若限流电阻 R 的阻值太大，当 I_L 增大时，I_Z 减小，稳压管可能失去稳压作用；若限流电阻 R 的阻值太小，当 R_L 很大或开路时，I_Z 增大，稳压管可能被损坏。设稳压管允许的最大工作电流为 I_{Zmax}，最小工作电流为 I_{Zmin}；电网电压最高时的整流输出电压为 U_{Imax}，最低时为 U_{Imin}；负载电流的最小值为 I_{Lmin}，最大值为 I_{Lmax}。要使稳压管能正常工作，必须满足下列关系：

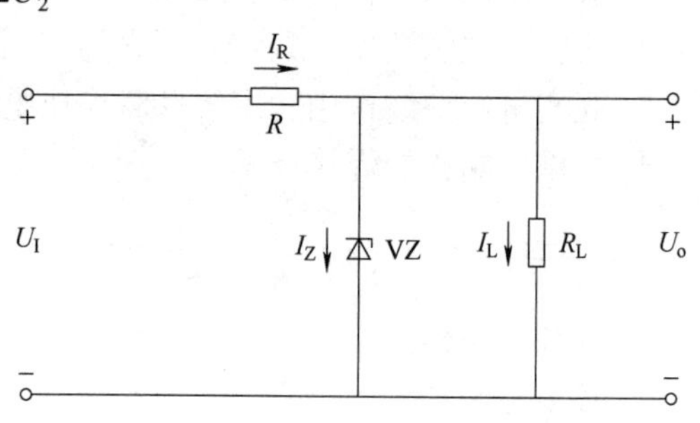

图 2-3-2 稳压管稳压电路原理图

1）当电网电压最高和负载电流最小时，I_Z 的值最大，此时 I_Z 不应超过允许的最大值，即

$$\frac{U_{Imax}-U_Z}{R}-I_{Lmin}<I_{Zmax} \quad 或 \quad R>\frac{U_{Imax}-U_Z}{I_{Zmax}+I_{Lmin}}$$

2）当电网电压最低和负载电流最大时，I_Z 的值最小，此时 I_Z 不应低于其允许的最小值，即

$$\frac{U_{Imin}-U_Z}{R}-I_{Lmax}>I_{Zmin} \quad 或 \quad R<\frac{U_{Imin}-U_Z}{I_{Zmin}+I_{Lmax}}$$

五、实验内容和步骤

1. 桥式整流滤波电路

实验电路如图 2-3-3 所示。按照下列步骤测试输出电压。

1）按图连（焊）接电路，C_1、C_2 先不接。

2）分别接入不同的电容，用示波器观察 U_2 和 U_L 的变化。

3）改变负载电阻的阻值，用示波器观察 U_2 和 U_L 的波形变化。

观察实验结果，将输出电压的变化填入表 2-3-1。

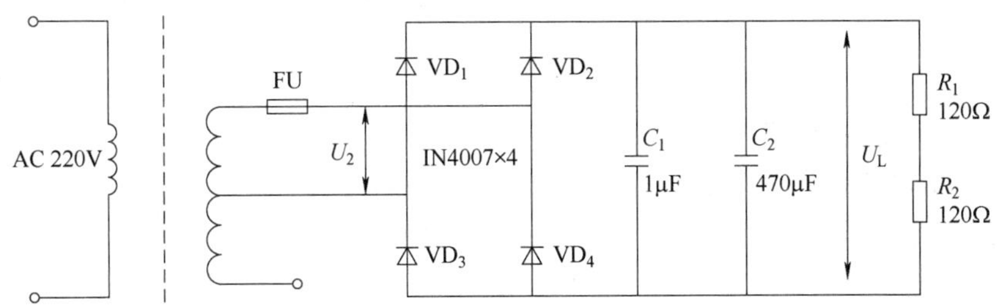

图 2-3-3　桥式整流滤波电路

表 2-3-1　电容滤波输出参数测试

负载	U_L/V　（C_1、C_2 未接入）	U_L/V（C_1 接入）	U_L/V　（C_1、C_2 接入）
$R_L=\infty$			
$R_L=240\Omega$			

2. 并联稳压电路

实验电路如图 2-3-4 所示。接入稳压二极管（6V），改变负载电阻的阻值，用示波器观察 U_2 和 U_L 的变化。将输出电压的变化填入表 2-3-2。

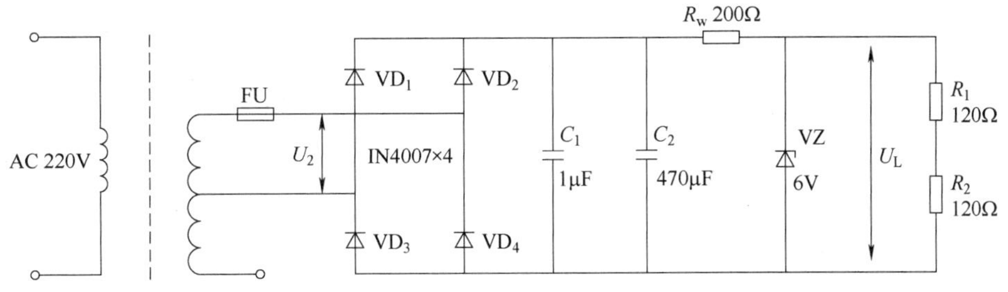

图 2-3-4　并联稳压电路

表 2-3-2　并联稳压输出参数测试

负载	U_L（稳压二极管未接入）	U_L（稳压二极管接入）
$R_L=\infty$		
$R_L=240\Omega$		

六、实验报告要求

1. 用示波器观察滤波波形，画出滤波前后的波形变化。
2. 用示波器观察稳压波形，画出稳压前后的波形变化。
3. 填表 2-3-1 和表 2-3-2 的内容。

七、注意事项

1. 烙铁的温度不要过高或过低，过低焊锡不容易融化，过高容易烧坏元件。
2. 焊接元件时，注意部分元件有正负极的区分，避免接反。

八、思考题

1. 简述电容滤波的原理。
2. 电容滤波对直流电路的作用是什么？
3. 稳压二极管在电路中起什么作用？为什么能稳定电压？

实验四　双路直流稳压电路

一、实验目的

1. 了解集成稳压器的特性和使用方法。
2. 掌握示波器、数字万用表的使用。
3. 掌握直流稳压电源主要参数测量方法。

二、实验器材

1. 双踪示波器。
2. 数字万用表。
3. 实验电路板、元器件等。

三、实验预习要求

1. 复习教材直流稳压电源部分，熟悉电源主要参数及测试方法。
2. 查阅手册，了解本实验使用稳压器的技术参数。

四、实验原理

三端集成稳压器是一种串联调整式稳压器，内部设有过热、过电流和过电压保护电路。它只有三个外引出端（输入端、输出端和公共地端），将整流滤波后的不稳定的直流电压接到三端集成稳压器输入端，经三端集成稳压器后在输出端得到某一值的稳定的直流电压，其组成框图如图 2-4-1 所示。

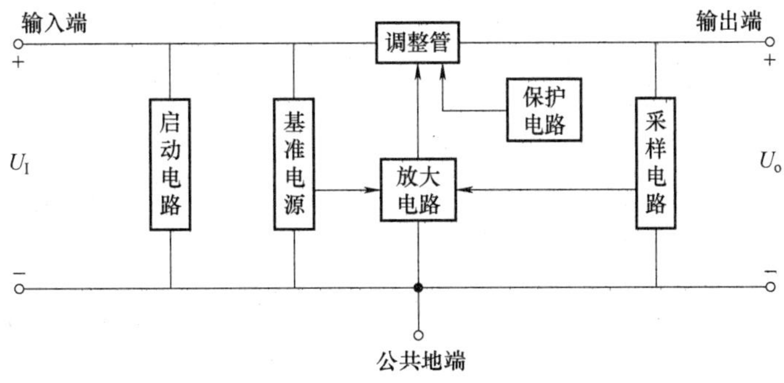

图 2-4-1　三端集成稳压器的组成框图

输出正电压系列（78××）的集成稳压器，其电压共分为 5～24V 七个档。如 7805、7806、7809 等，其中字头 78 表示输出电压为正值，后面数字表示输出电压值。

输出负电压系列（79××）的集成稳压器，其电压共分为－24～－5V 七个档。如 7905、7906、7912 等，其中字头 79 表示输出电压为负值，后面数字表示输出电压值。

输出电流 0.1A、0.5A、1.5A、3A、5A、10A 等，并分别用不同符号 L、M、S、T、H、P 表示。

三端集成稳压器的封装形式主要有金属外壳封装（TO-3）和塑料封装（TO-220），常见的塑料封装如图 2-4-2 所示。

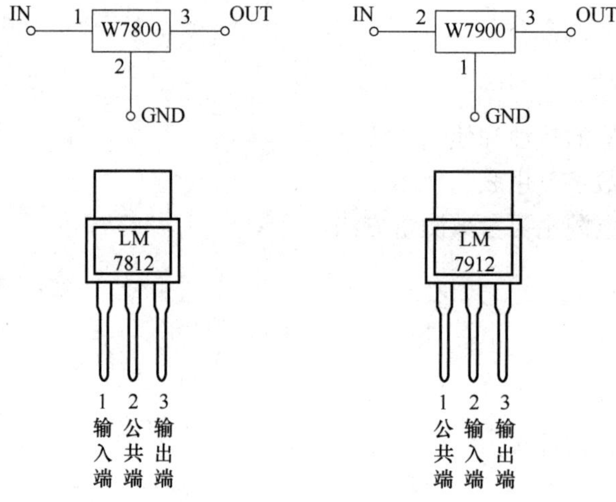

图 2-4-2　三端集成稳压器的封装引脚

三端集成稳压器的使用方法如下。

1. 基本接法

如图 2-4-3 所示，图中 C_1（0.1～0.33μF）防止自激振荡，C_2（1μF）减小高频干扰，改善瞬间特性。

2. 提高输出电压

电路如图 2-4-4 所示。输出电压和三端稳压器输出电压的关系近似为

$$U_o \approx \left(1+\frac{R_2}{R_1}\right) U_o'$$

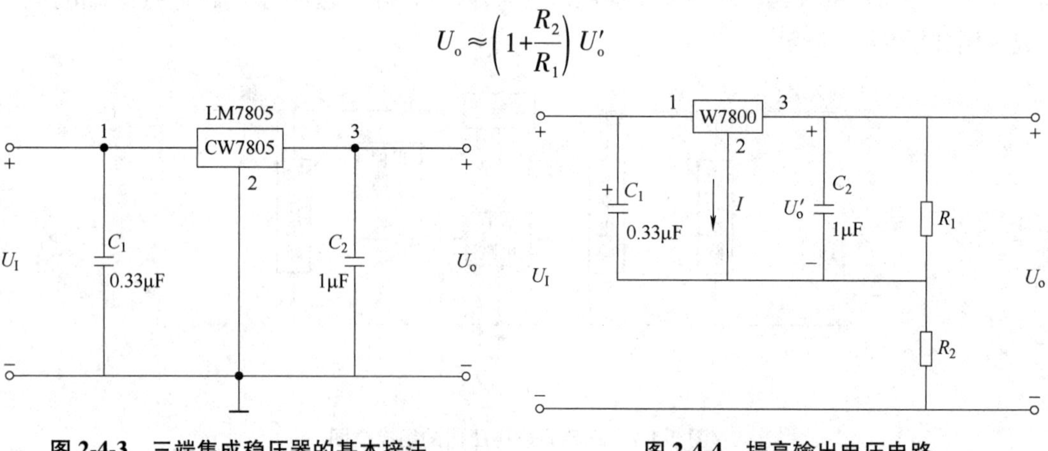

图 2-4-3　三端集成稳压器的基本接法

图 2-4-4　提高输出电压电路

3. 双电源输出电路

电路如图 2-4-5 所示。

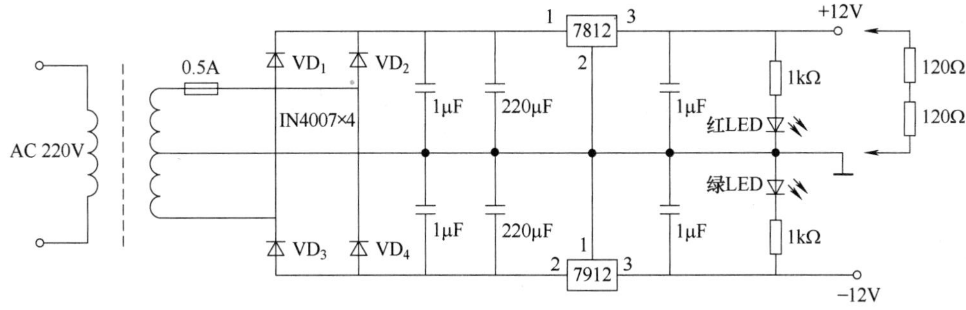

图 2-4-5　双电源输出电路

五、实验内容和步骤

1. 按图 2-4-5 连接电路。

2. 测量输出电压 U_o。

3. 测试稳压性能。使稳压电源设置在空载状态，电源电压波动±10%，即 U 为 198～242V。测量相应的 ΔU_o。根据 $S \approx \dfrac{\Delta U_o/U_o}{\Delta U_I/U_I}$，计算稳压系数 S。

4. 测电源输出电阻 r_o。通过测量电源负载电流的变化可测出输出电阻。具体做法是测出带负载时的电压 U_L 和电流 I_L，再测出空载时输出电压 U_{LO}和电流 I_{LO}。则电源内阻为

$$r_o = \left|\frac{\Delta U}{\Delta I}\right| = \left|\frac{U_L - U_{LO}}{I_L - I_{LO}}\right|$$

六、实验报告要求

1. 测量输出电压 U_o。

2. 测量并计算稳压系数 S。

3. 测量并计算电源输出电阻 r_o。

4. 总结本实验所用两种三端稳压器的应用方法。

七、注意事项

1. 烙铁的温度不要过高或过低；焊接元件时，注意部分元件有正负极的区分，避免接反。

2. 注意三端稳压器 7812、7912 的接入位置和在电路中的接法。

3. 焊点位置，注意不要有虚焊。

八、思考题

如果三端稳压器 7812 和 7912 的位置调换，会出现什么情况？有电压输出吗？

（选做）可调直流稳压电源

一、实验目的

1. 掌握三端稳压器的使用方法。
2. 掌握直流稳压电源主要参数的测试方法。

二、实验器材

1. 双踪示波器。
2. 数字万用表。
3. 实验电路板、元器件等。

三、实验预习要求

1. 复习教材直流稳压电源部分关于电源主要参数及测试方法。
2. 查阅手册，了解本实验使用稳压器的技术参数。

四、实验内容和步骤

1. 可调三端稳压器 LM317L 电路

如图 2-4-6 所示，LM317L 最大输入电压 40V，输出 1.25～37V 可调，最大输出电流 100mA，是一种常用可调三端稳压器（本实验只加 15V 输入电压）。

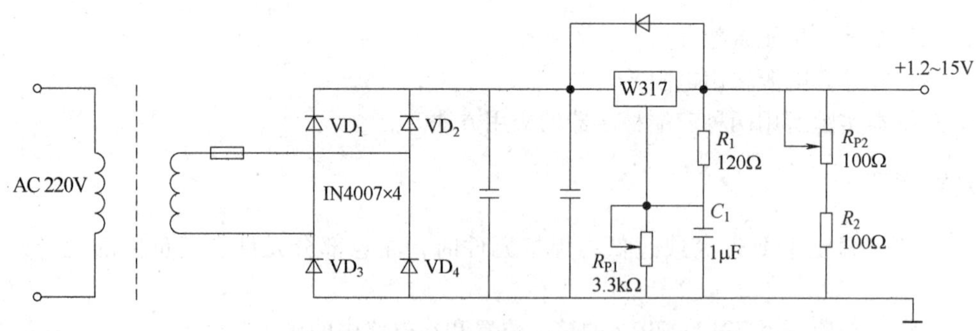

图 2-4-6　可调三端稳压器 LM317L 电路

2. 按图焊接线路

经指导教师检查无误后接通电源。

3. 测试稳压性能

使稳压电源处于空载状态，使电源电压波动±10%，即 U_I 为 198～242V，测量相应的 ΔU_o，根据 $S \approx \dfrac{\Delta U_o / U_o}{\Delta U_I / U_I}$，计算稳压系数 S。

4. 测电源内阻

首先测量负载电流由空载到接负载时的变化量 ΔI_L（即 $0 \sim I_L$ 时），再测出输出电压 U_o 的变化量 ΔU_L，则电源内阻 $r_o = \left| \frac{\Delta U_L}{\Delta I_L} \right|$。在测量过程中，使输入电压 15V 保持不变。

五、实验报告要求

1. 计算稳压系数 S、电源内阻 r_o。
2. 总结本实验所用三端稳压器的使用方法。

实验五　单级放大电路（一）

一、实验目的

1. 熟悉信号发生器、示波器、数字万用表的使用方法。
2. 熟悉电子元器件和模拟电路。
3. 掌握放大器静态工作点的调试方法及其对放大器性能的影响。
4. 学习测量单级放大器静态工作点的方法。

二、实验器材

1. 双踪示波器。
2. 信号发生器。
3. 数字万用表。
4. 焊接工具。

三、实验预习要求

1. 晶体管及单管放大电路的工作原理。
2. 掌握放大器静态工作点测量方法。

四、实验原理

静态工作点是指输入信号为零时的晶体管基极电流 I_{BQ}、集电极电流 I_{CQ} 和集电极-发射极电压 U_{CEQ}。直接测量 I_{CQ} 时需断开集电极回路，比较麻烦，所以常采用电压测量法来换算电流，即先测出 U_{EQ}（发射极对地电压），再利用公式 $I_{EQ}=U_E/R_E$，$I_{CQ}=(V_{CC}-U_{CQ})/R_C$ 算出 I_{EQ}、I_{CQ}，最后再用公式 $I_{BQ}=I_{EQ}-I_{CQ}$，计算出 I_{BQ}。

本实验中，静态工作点的位置与 V_{CC}、R_c、R_e、R_{b1} 和 R_{b2} 都有关。当电路参数确定后，工作点的调整主要是通过调节电位器 R_P 来实现。R_P 调小，U_{BQ} 增高，工作点升高；R_P 调大，U_{BQ} 减小，工作点降低。

在调整 R_P 的同时用电压表分别测量晶体管的各极的电位 U_{BQ}、U_{EQ}、U_{CQ}。如果 U_{BEQ} 为 0.7V 左右，U_{CEQ} 为正几伏电压，说明晶体管工作在放大状态，但并不能说明放大器的静态工作点设置在合适的位置，所以还要进行动态波形观测。

测量静态工作点的方法是将信号发生器产生的正弦波信号接至放大器输入端 U_S（耦合电容 C_1 左端），使输出信号达到最大不失真状态。然后将信号发生器和放大电路断开。用万用表直流电压档测量晶体管的 b、e、c 三个极对地的电压 U_{BQ}、U_{EQ} 及 U_{CQ}。

若放大器的输出信号 U_o 的波形的顶部被压缩，如图 2-5-1a 所示，顶部出现失真的现象称为截止失真，说明静态工作点 Q 偏低，应增大基极电流 I_{BQ}。

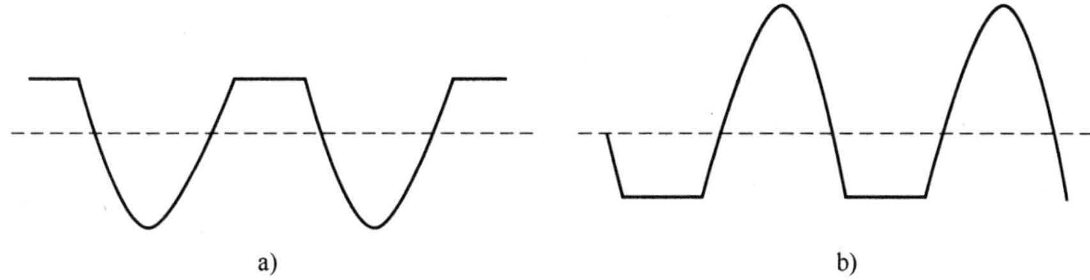

图 2-5-1　单管共射极电路的截止失真和饱和失真

a）截止失真　b）饱和失真

如果输出波形的底部被削波，如图 2-5-1b 所示，这种现象称为饱和失真，说明静态工作点 Q 偏高，应减小 I_{BQ}。

五、实验内容和步骤

1. 连接电路

1）按照图 2-5-2 所示连接电路（可暂时不采用衰减法连接电路，接线前先测量+12V 电源，关断电源后再接线），接线前将 R_P 调到电阻最大位置（借助基极电位 U_{BQ}调整 R_P。理论上，R_P 在 0~100kΩ 之间变化，基极电压在 1. 66~3. 52V 之间变化）。

$$U_{BQ}=\frac{R_{b2}}{R_{b1}+R_{b2}+R_P}V_{CC}$$

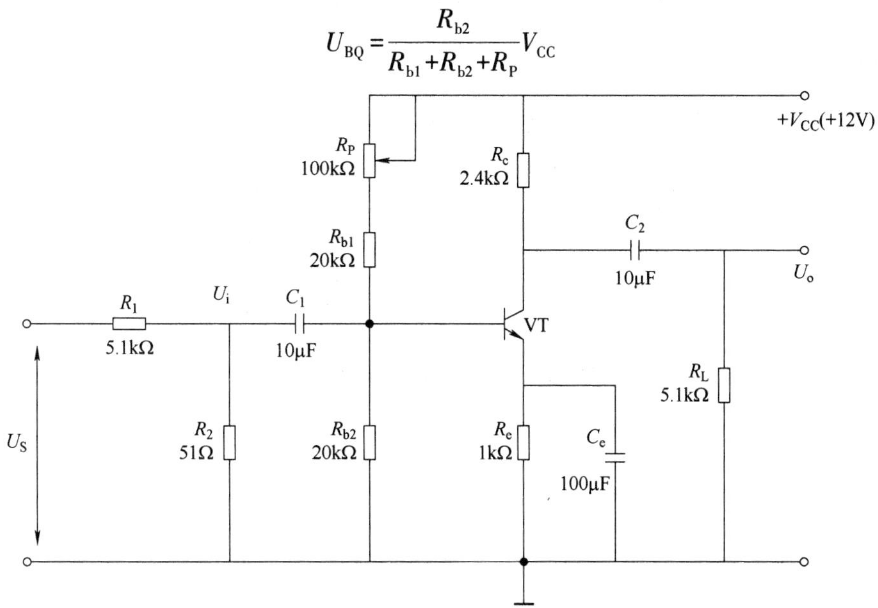

图 2-5-2　单管共射极放大电路

2）接线后仔细检查，确认无误后接通直流电源。

2. 静态调整

1）信号源在电路输入端加入 1kHz 的正弦信号，示波器接在电路的输出端，调整输入信号的幅度，使输出端的波形最大而不失真。在调整 U_i 的过程中，若输出波形出现饱和失真或截止失真其中的一种情况，则调整基极偏置电阻 R_P，使输出信号不失真，然后再增大 U_i。在重复上述调整 U_i 和 R_P 的过程中，可能需要反复调整几次，直至输出波形同时出现饱和失真和截止失真，再略减小输入信号幅度，即完成静态工作点的调整（提示：当输出信号出现一种失真，说明静态工作点不合适，调节电阻 R_P；当输出信号出现两种失真，说明信号过大，适当减小信号源的大小 U_i）。

2）保持静态工作点不变，撤去信号源，用万用表（直流档）测量 U_{BQ}、U_{CQ}、U_{EQ}值的大小，将数据填入表 2-5-1，并计算 I_{BQ}、I_{CQ}、U_{CEQ}。

表 2-5-1 静态值测试

实 测 值			实 测 计 算		
U_{BQ}/V	U_{CQ}/V	U_{EQ}/V	I_{CQ}/mA	I_{BQ}/mA	U_{CEQ}/V

3）改变输入信号，观察输出波形的变化，画出输出波形图。

4）保持输入信号不变，调节 R_P，观察输出波形的变化。

六、实验报告要求

1. 计算出静态工作点，填表 2-5-1 的实验内容。
2. 总结实验内容 3）、4）各参数变化对静态工作点的影响。

七、注意事项

1. 把实验四中做好的+12V 直流电源引入本次实验中，接线前先测量+12V 电源，关断电源后焊接，作为本次实验用直流电源。
2. 电路板上发射极电容连入电路。
3. 晶体管 9013，平面向右放置，从上至下三个管脚依次为集电极 c、基极 b、发射极 e。

八、思考题

饱和失真和截止失真时，i_c和 u_{CE}的波形图是否相同？

实验六　单级放大电路（二）

一、实验目的

1. 熟悉信号发生器、示波器、数字万用表的使用方法。
2. 学习测量放大器 A_u、r_i、r_o 的方法，了解共射极电路特性。
3. 学习放大器的动态性能。

二、实验器材

1. 双踪示波器。
2. 信号发生器。
3. 数字万用表。
4. 焊接工具。

三、实验预习要求

1. 晶体管及单管放大器工作原理。
2. 掌握单级放大器动态测量方法。

四、实验原理

1. 电压放大倍数的测量

电压放大倍数是指输出电压与输入电压的有效值之比。实验中，需用示波器观察放大电路输出电压的波形。调试输入信号，使输出信号出现最大不失真。在波形不失真的条件下，如果测出输入信号 u_i（有效值）或 u_{im}（峰值）与输出信号 u_o（有效值）或 u_{om}（峰值），则电压放大倍数 $A_u=u_o/u_i=u_{om}/u_{im}$。

2. 输入电阻的测量

输入电阻 r_i 的大小表示放大电路从信号源或前级放大电路获取电流的多少。输入电阻越大，所需前级电流越小，对前级的影响就越小。

3. 输出电阻的测量

输出电阻 r_o 的大小表示电路带负载能力的大小。输出电阻越小，带负载能力越强。

五、实验内容和步骤

1. 连接电路

1）按图 2-6-1 所示连接电路（注意输入信号采用输入衰减法，接线前先测量+12V 电源，关断电源后再接线），将 R_P 调到电阻值最大位置（R_P 的调整方法请参考实验五）。

2）接线后仔细检查，确认无误后接通电源。

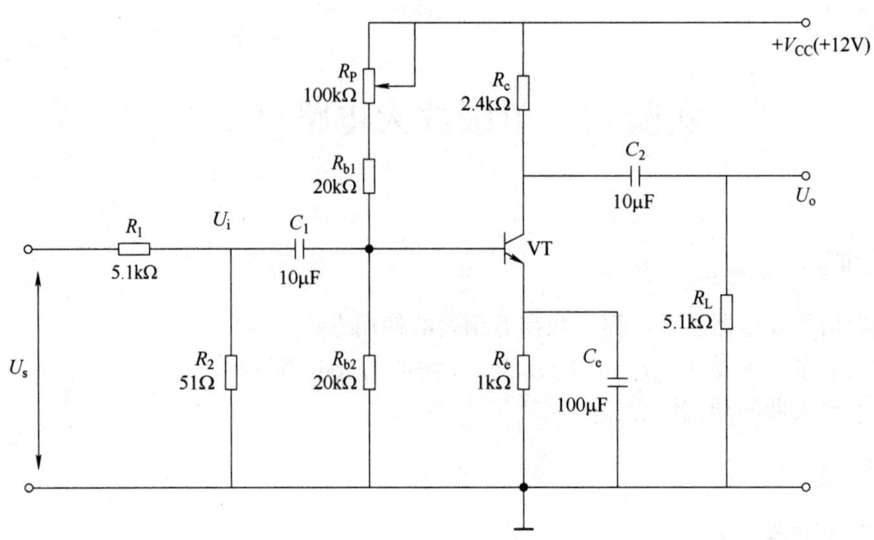

图 2-6-1 单管共射极放大电路

2. 动态研究

1）将信号发生器调到 $f=1\text{kHz}$ 的小幅值信号（参考幅值为 5mV），接到放大器输入端为输入信号 U_i，观察 U_i 和 U_o 的波形并比较相位。

2）信号源频率不变，调节 R_P 使输出信号 U_o 的波形不失真。逐渐加大 U_i 幅度（空载时），观察输出波形 U_o，使波形最大且不失真，记录 U_o 的值并填表 2-6-1。

表 2-6-1 无负载动态测试

$R_L=\infty$

实 测		实测计算
U_i/mV	U_o/mV	A_u

3）保持 $U_i=5\text{mV}$ 不变，放大器接入负载 R_L，在 $R_L=5.1\text{k}\Omega$ 数值情况下测量，测量输出信号 U_o，并将计算结果填入表 2-6-2。

表 2-6-2 有负载动态测试

给定参数	实 测 值		实测计算
R_L	U_i	U_o/mV	A_u
5. 1kΩ	5mV		

4）保持输入信号为小信号状态，增大或减小 R_P，观察 U_o 波形变化。

注意：若失真观察不明显可增大或减小 U_i 幅值重测。

3. 测量放大器输入、输出电阻

（1）输入电阻测量

在输入端串接一个 $R_1=5.1\text{k}\Omega$ 电阻（类似信号源内阻 r_s），如图 2-6-2 所示，测量 U_s 与 U_i 即可计算 r_i。

$$\frac{U_i}{U_s}=\frac{r_i}{r_i+r_s}$$

（2）输出电阻测量

在输出端接入负载（$R_L=5.1k\Omega$），电路如图 2-6-3 所示，使放大器输出不失真（接示波器观察），测量有负载和空载时的 U_o，即可计算输出电阻 r_o（空载时输出信号用 U'_o表示，有负载时输出信号用 U_o表示）。

$$r_o=\left(\frac{U'_o}{U_o}-1\right)R_L$$

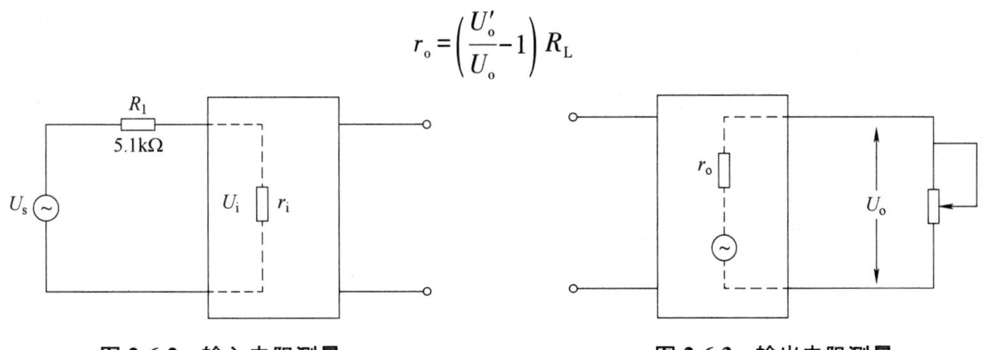

图 2-6-2　输入电阻测量　　　　图 2-6-3　输出电阻测量

将上述测量及计算结果填入表 2-6-3 中。

表 2-6-3　输入、输出电阻测试

测输入电阻 r_i（$r_s=5.1k\Omega$）			测输出电阻 r_o		
实　测		测　算	实　测		测　算
U_s/mV	U_i/mV	r_i/kΩ	U'_o/mV（$R_L=\infty$）	U_o/mV（$R_L=5.1k\Omega$）	r_o/kΩ

六、实验报告要求

1. 完成表 2-6-1、表 2-6-2、表 2-6-3 中的实验内容。
2. 分别总结输入电阻、输出电阻对电路性能的影响。

七、注意事项

测量输入电阻和输出电阻时，注意电路的连接方式和测试方法。

八、思考题

输入信号 U_i 和输入电阻 r_i 之间有关系吗？如果有关系，是什么样的关系？

实验七　负反馈放大电路

一、实验目的

1. 研究负反馈对放大电路性能的影响。
2. 掌握负反馈放大电路性能的测试方法。

二、实验器材

1. 双踪示波器。
2. 信号发生器。
3. 数字万用表。
4. 焊接工具。

三、实验预习要求

1. 认真阅读实验内容要求，估计待测量内容的变化趋势。
2. 在图 2-7-1 电路中，晶体管的 $\beta=120$，计算该放大器开环和闭环电压放大倍数。

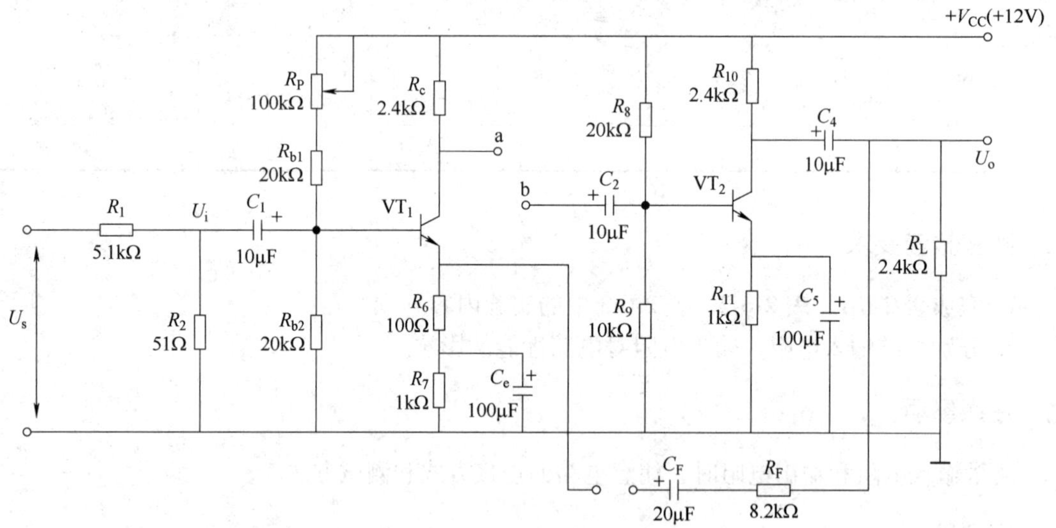

图 2-7-1　电压串联负反馈的两级阻容耦合放大电路

四、实验原理

放大器的幅频特性是指放大器增益与输入信号频率之间的关系曲线。通常将放大倍数下降到中频电压放大倍数的 0.707 倍时对应的频率，称为该放大电路的上限截止频率或下限截止频率，分别用 f_H 和 f_L 表示。则该放大电路的通频带为

$$BW=f_H-f_L$$

放大电路引入负反馈以后，虽然放大倍数有所下降，但能提高放大倍数的稳定性，减小非线性失真，展宽放大电路的频带，改变电路的输入电阻和输出电阻的大小。

五、实验内容和步骤

电压串联负反馈的两级阻容耦合放大电路如图 2-7-1 所示。

1. 负反馈放大器开环和闭环放大倍数的测试

（1）开环电路测试

1）按图接线，R_F 先不接入。

2）输入端接入 $f=1\text{kHz}$ 的正弦波小信号（输入信号采用输入端衰减法）。调整接线和参数使输出不失真且无振荡。

3）按表 2-7-1 要求测量带负载和空载时的值，并填表。

表 2-7-1　串联负反馈动态测试

电路状态	R_L	U_i/mV	U_o/mV	A_u（A_{uf}）
开环	∞			
	2.4kΩ			
闭环	∞			
	2.4kΩ			

4）根据实测值计算开环放大倍数。

（2）闭环电路测试

1）接通 R_F，按（1）的要求调整电路，保持输入信号大小不变。

2）按表 2-7-1 要求测量带负载和空载时的值并填表，计算 A_{uf}。

3）根据实测结果，验证 $A_{uf}\approx 1/F=1+R_F/R_b$。

2. 负反馈对失真的改善作用

1）将图 2-7-1 电路开环，逐步加大 U_i 的幅度，使输出信号出现略微失真（注意不要过分失真），记录失真波形幅度。

2）将电路闭环，观察输出情况，并适当增加 U_i 幅度，使输出幅度接近开环时失真波形幅度，观察输出波形是否失真。

3）画出上述各步实验的波形图。

3. 测放大器频率特性

1）将图 2-7-1 电路先开环，选择 U_i 适当幅度（频率为 1kHz），使输出信号在示波器上有满幅正弦波显示。

2）保持输入信号幅度不变逐步增加频率，直到波形幅度减小为原来的 70%，此时信号发生器上显示的信号频率即为放大电路的 f_H。

3）条件同上，但逐渐减小频率，测量 f_L。

4）将电路闭环，重复 1)～3）步骤，并将结果填入表 2-7-2。

表 2-7-2　频率特性测试

电 路 状 态	f_H/Hz	f_L/Hz
开环		
闭环		

六、实验报告要求

1. 将实验值与理论值比较，分析误差原因。
2. 根据实验内容总结负反馈对放大电路的影响。

七、注意事项

1. 将单级放大电路中的负载电阻 R_L 从电路中剪除。
2. 实验中将前一级放大电路和第二级放大电路连接，即将实验板上的 a 点和 b 点相连。

八、思考题

闭环状态对电路的通频带有什么影响？

实验八　差动放大电路

一、实验目的

1. 熟悉差动放大电路工作原理。
2. 掌握差动放大电路的基本测试方法。

二、实验器材

1. 双踪示波器。
2. 数字万用表。
3. 信号源。
4. 模拟电路实验箱。

三、实验预习要求

1. 计算图 2-8-1 的静态工作点（设 $r_{be}=3k\Omega$，$\beta=100$）及电压放大倍数。

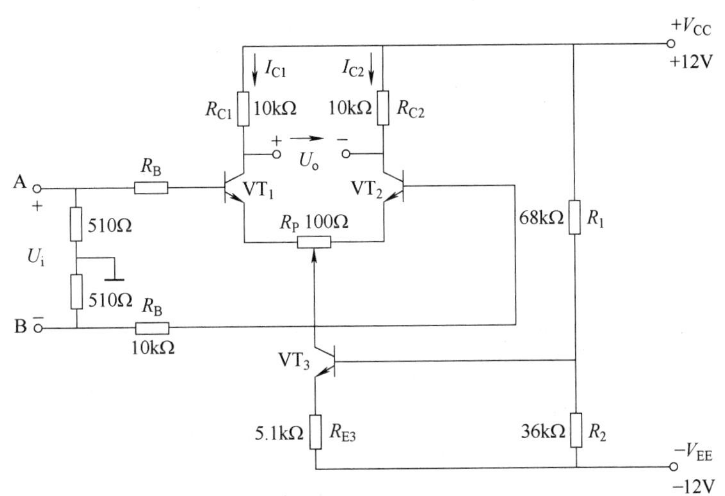

图 2-8-1　差动放大电路

2. 在图 2-8-1 基础上画出单端输入和共模输入的电路。

四、实验原理

差动放大电路又叫差分电路，它不仅能有效地放大直流信号，而且能有效地抑制由于电源波动和晶体管随温度变化引起的零点漂移。普遍应用于集成运放电路，它常被用作多级放大器的前置级。

差动放大电路工作原理是由两个对称的共射信号从两管的基极输入，从两管的集电极输出，这种连接方式称为双端输入—双端输出方式。当输入信号 $U_i=0$ 时，则两管的电流相等，两管的集电极电位也相等，所以输出电压 $U_o=U_{C1}-U_{C2}=0$。温度上升时，两管电流均增加，则集电极电位均下降，由于它们处于同一温度环境，因此两管的电流和电压变化量均相等，其输出电压仍然为零。

五、实验内容和步骤

差动放大电路如图 2-8-1 所示。

1. 测量静态工作点

1）调零：将输入端 A、B 两点短路并接地，接通直流电源，调节电位器 R_P 使双端输出电压 $U_o=0$。

2）测量静态工作点：测量晶体管 VT_1、VT_2、VT_3 各极对地电压，填入表 2-8-1 中。

表 2-8-1　静态工作点测试

对地电压	U_{C1}	U_{C2}	U_{C3}	U_{b1}	U_{b2}	U_{b3}	U_{e1}	U_{e2}	U_{e3}
测量值/V									

2. 测量差模电压放大倍数

在输入端加入差模直流电压信号 $U_{id}=\pm0.1V$，A 端接+0. 1V，B 端接−0. 1V，按表 2-8-2 要求测量并记录，由测量数据算出单端和双端输出的电压放大倍数。注意先调好实验箱上的 DC 信号源的 OUT1 和 OUT2，使其分别为+0. 1V 和−0. 1V，再分别接入 A 和 B 两端。

3. 测量共模电压放大倍数

将输入端 A、B 短接，接到信号源的输入端。DC 信号分先后接 OUT1 和 OUT2，分别测量并填入表 2-8-2。由测量数据算出单端和双端输出的电压放大倍数。进一步算出共模抑制比 $K_{CMRR}=\left|\dfrac{A_d}{A_c}\right|$。

表 2-8-2　差模、共模电压放大倍数测试

测量及计算值 / 输入信号	差模输入						共模输入						共模抑制比
	测量值			计算值			测量值			计算值			计算值
	U_{C1} /V	U_{C2} /V	U_o /V	A_{d1}	A_{d2}	$A_{d双}$	U_{C1} /V	U_{C2} /V	U_o /V	A_{c1}	A_{c2}	$A_{c双}$	K_{CMRR}
$U_{i1}=+0.1V$													
$U_{i2}=-0.1V$													

4. 单端输入差动放大电路

在实验板上组成单端输入的差动放大电路，并进行下列实验。

1）在图 2-8-1 中将 B 接地，组成单端输入差动放大器，从 A 端分别输入直流信号 $U_i=+0.1V$ 和 $U_i=-0.1V$，测量单端及双端输出的电压值，填表 2-8-3。分别计算单端输入时的单端及双端输出的电压放大倍数，并与双端输入时的单端及双端差模电压放大倍数进行比较。

2）从 A 端加入正弦交流信号 $U_i=0.05V$，$f=1kHz$，分别测量、记录单端及双端输出电压，填入表 2-8-3，并计算单端及双端的差模电压放大倍数（注意：输入交流信号时，用示波器监视 U_{C1}、U_{C2}波形，若有失真时，可减小输入电压值，使 U_{C1}、U_{C2}都不失真为止）。

表 2-8-3　单端、双端差模放大倍数测试

测量及计算值 / 输入信号	电压值			放大倍数 A_u
	U_{C1}	U_{C2}	U_o	
直流+0.1V				
直流-0.1V				
正弦信号（50mV、1kHz）				

六、实验报告要求

1. 完成表 2-8-1、表 2-8-2、表 2-8-3 中的实验内容。
2. 说明测量双端输出电压时，为什么一定要用数字万用表，而不用示波器？

七、注意事项

实验过程中请勿碰触调零电阻 R_P，每次实验前最好检测是否调零正确。

八、思考题

1. 长尾式差动放大电路和恒流源式差动放大电路有什么不同？
2. 调零电阻的作用是什么？

实验九　比例与求和电路

一、实验目的

1. 掌握用集成运算放大器组成比例、求和电路的特点及性能。
2. 学会上述电路的测试和分析方法。

二、实验器材

1. 数字万用表。
2. 不同阻值的电阻。
3. 集成运放 LM741 芯片。
4. 模拟电路实验箱。

三、实验预习要求

1. 预习理论教材各种比例电路的结构和工作原理。
2. 根据下列各图的结构和参数，推导各放大电路的电压放大倍数。

四、实验原理

运算放大器是一种高增益的直流放大器，最早应用于模拟信号的运算电路，故称为集成运算放大电路，简称集成运放，国际通用符号如图 2-9-1 所示。在分析集成运放的各种应用电路时，常将集成运放看作理想运放来处理。

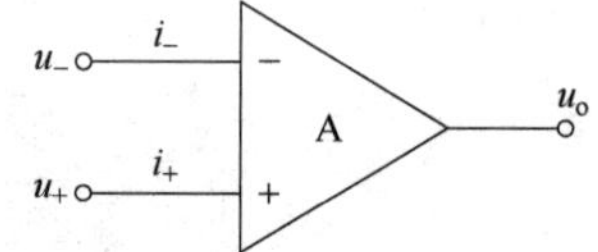

图 2-9-1　集成运放国际通用符号

理想运放的重要的理想化指标分别为：

开环差模电压增益：$A_{od}=\infty$

差模输入电阻：$r_{id}=\infty$

输出电阻：$r_{od}=0$

共模抑制比：$K_{CMRR}=\infty$

理想运放工作在线性区时有两个非常重要的特点：

1. 虚短（$u_+=u_-$）

理想运放的同相输入端和反向输入端两端电压近似相等，如同将两端短路一般，实际上两端并未真正被短路，只是表面上似乎短路，故称为“虚短”。

2. 虚断（$i_+=0$，$i_-=0$）

理想运放的同相输入端和反向输入端两端电流近似等于零，如同将两端与运放内部断开一般，实际上两端并未真正断路，故称为“虚断”。

在该实验中，将用运放 LM741 分别组成反相、同相比例放大器、反相求和、双端输入求和等放大电路。LM741 引脚如图 2-9-2 所示。

五、实验内容和步骤

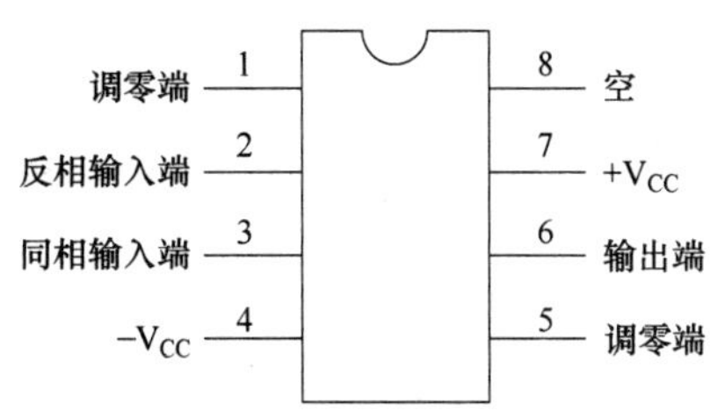

图 2-9-2　LM741 引脚

1. 电压跟随器

实验电路如图 2-9-3 所示，将反相输入端与输出端用导线连接。按表 2-9-1 的数据内容进行实验并测量记录。根据理论计算的数据与实测值做比较。

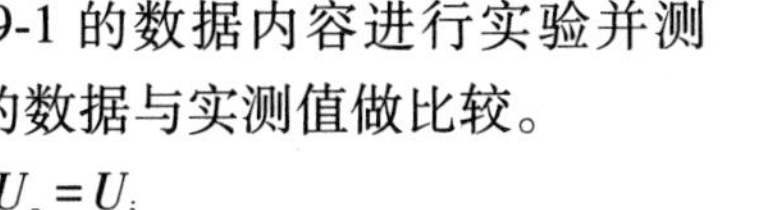

$$U_o = U_i$$

表 2-9-1　电压跟随器测试

U_i/V		−2	−0.5	0	+0.5	1
U_o/V	$R_L=\infty$					
	$R_L=5.1\text{k}\Omega$					

2. 反相比例放大电路

实验电路如图 2-9-4 所示。将输入信号 U_i 通过 R_1 加在运放反相输入端，同相输入端通过 R_2 接地，按表 2-9-2 内容实验并测量记录。根据理论计算的数据与实测值做比较，并计算误差。

$$U_o = -\frac{R_F}{R_1}U_i$$

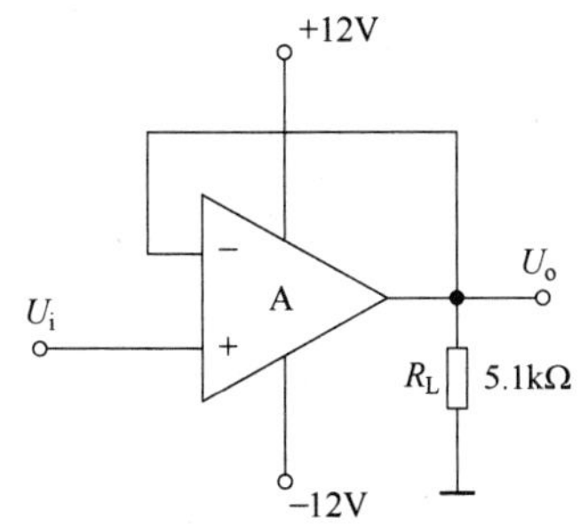

图 2-9-3　电压跟随器

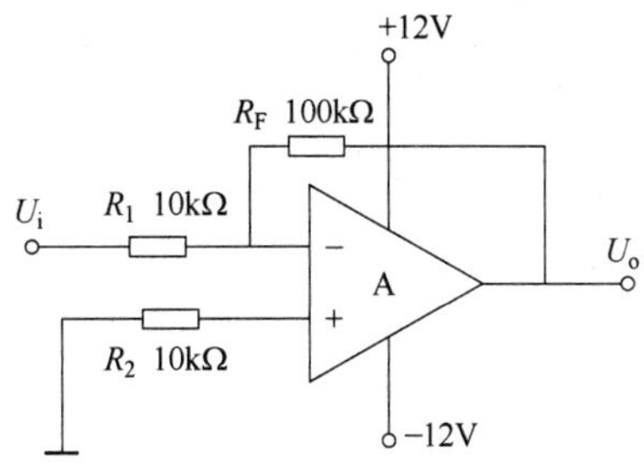

图 2-9-4　反相比例放大电路

表 2-9-2　反相比例放大电路测试

直流输入电压 U_i/mV		30	100	300	1000	3000
输出电压 U_o	理论估算/mV					
	实测值/mV					
	误差					

3. 同相比例放大电路

电路如图 2-9-5 所示，按图连接电路。将输入信号 U_i 加在运放的同相输入端，反相输入端通过 R_1 接地，按表 2-9-3 内容实验并测量记录。根据理论计算的数据与实测值做比较，并计算误差。

$$U_o = \left(1+\frac{R_F}{R_1}\right)U_i$$

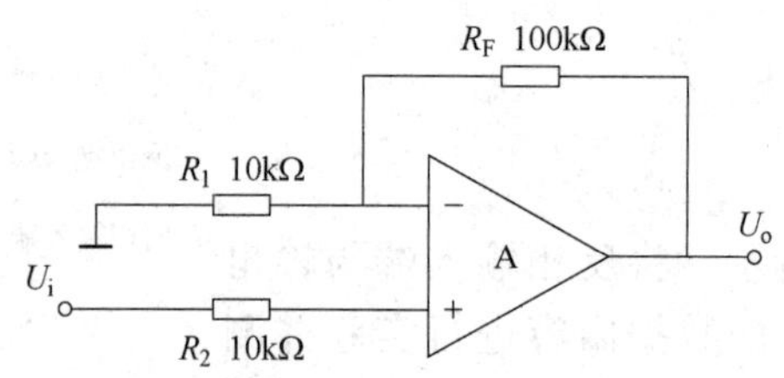

图 2-9-5 同相比例放大电路

表 2-9-3 同相比例放大电路测试

直流输入电压 U_i/mV		30	100	300	1000
输出电压 U_o	理论估算/mV				
	实测值/mV				
	误差				

4. 反相求和放大电路

电路如图 2-9-6 所示，按图连接电路。将输入信号 U_{i1} 和 U_{i2} 同时加在运放的反相输入端，同相输入端通过电阻 R_2 接地，按表 2-9-4 内容实验并测量记录，并与预习计算比较。

表 2-9-4 反相求和放大电路测试

U_{i1}/V	3	-3
U_{i2}/V	0.2	0.5
U_o/V		

5. 双端输入求和放大电路

电路如图 2-9-7 所示，按图连接电路。将输入信号 U_{i1} 和 U_{i2} 分别加在运放的反相输入端和同相输入端，按表 2-9-5 内容实验并测量记录，并与预习计算比较。

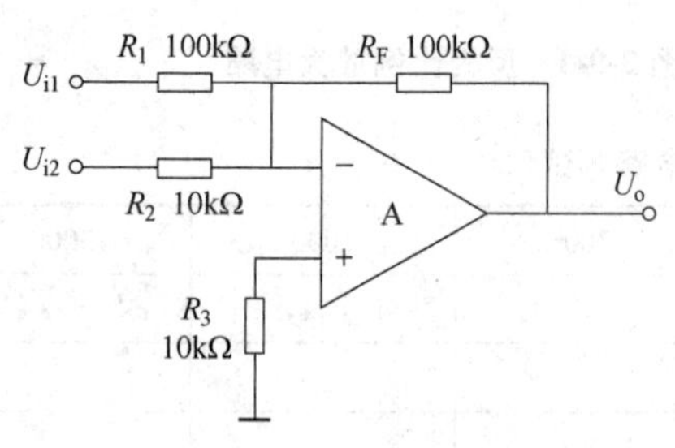

图 2-9-6 反相求和放大电路

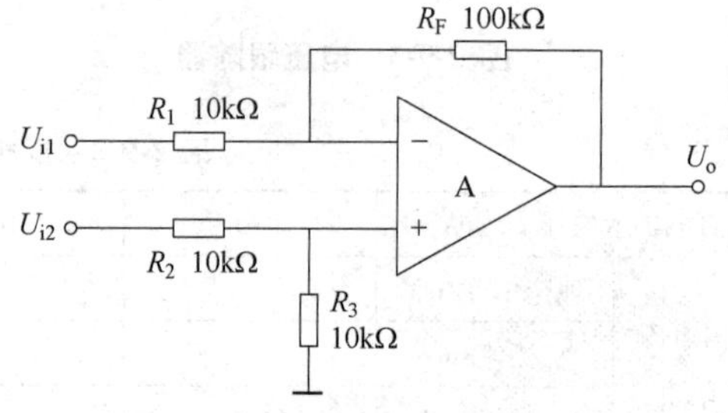

图 2-9-7 双端输入求和放大电路

表 2-9-5 双端输入求和放大电路测试

U_{i1}/V	1.0	-0.4	-0.4
U_{i2}/V	0.6	0.6	-0.4
U_o/V			

六、实验报告要求

1. 完成表 2-9-1、表 2-9-2、表 2-9-3、表 2-9-4、表 2-9-5 中的实验内容。
2. 总结本实验中五种运算电路的特点及性能。

七、注意事项

1. 正确使用万用表，注意电压档和电流档表笔的位置。
2. 正确连线，注意 LM741 引脚的作用，请勿连接错误，烧坏芯片。

八、思考题

1. 理论计算与实验结果误差的原因是什么？
2. 当集成运放工作于非线性区时还具有“虚短”和“虚断”的特点吗？

实验十　*RC* 正弦波振荡器的设计

一、实验目的

1. 掌握桥式 *RC* 正弦波振荡器的电路构成及工作原理。
2. 熟悉正弦波振荡器的调整、测试方法。
3. 观察 *RC* 参数对振荡频率的影响，学习振荡频率的测定方法。

二、实验器材

1. 双踪示波器。
2. 低频信号发生器。
3. 实验电路板。
4. 不同值的电阻和电容元件。
5. 集成运放芯片。

三、实验预习要求

1. 复习 *RC* 振荡器的工作原理。
2. 根据电路估算实验电路的振荡频率。
3. 用示波器来测量振荡电路的振荡频率和幅值。
4. 完成下列填空题：

在图 2-10-3 中，正反馈支路是由______组成，这个网络具有______特性。要改变振荡频率，只要改变______或______的数值即可。

四、实验原理

RC 正弦波振荡电路的选频网络由电阻和电容元件组成，*RC* 串并联网络振荡电路在低频振荡电路中应用最为广泛。*RC* 振荡电路原理如图 2-10-1 所示。

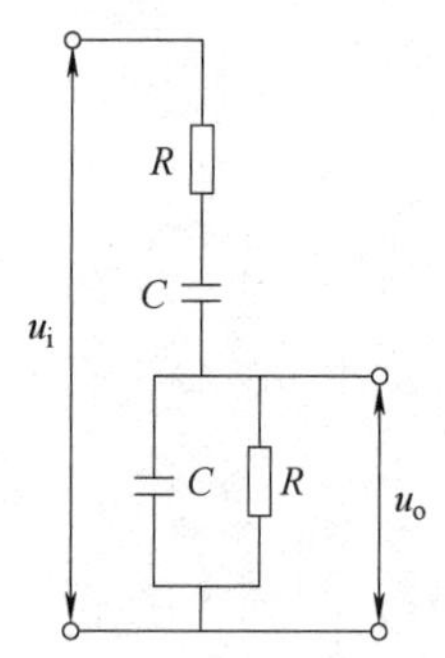

图 2-10-1　*RC* 振荡电路原理

当输入电压 u_i 的频率很低时，电容 C 的容抗远大于电阻 R，这时 *RC* 并联电路两端的输出电压 u_o 幅度很小，且 u_o 超前 u_i 的相位，频率越低，超前越多。当频率趋近于零时，超前相位接近 90°。

当输入电压 u_i 的频率很高时，电容 C 的容抗远小于电阻 R，这时 *RC* 并联电路两端的输出电压 u_o 幅度很小，且 u_o 落后 u_i 的相位，频率越高，滞后越多。当频率接近无穷大时，滞后相位接近−90°。

当输入电压在一个合适的频率处，输出电压 u_o 和输入电压 u_i 同相位，且此时的输出电压幅度最大，该频率即为振荡频率 f_0。

振荡频率为

$$f_0=\frac{1}{2\pi RC}$$

电压传输系数为

$$T_f=\frac{1}{3}$$

要想电路起振，需要满足起振条件$|\dot{A}_u\dot{F}|>1$。因此要求放大电路的放大倍数$|\dot{A}_u|>3$。已知图 2-10-3 的振荡电路中同相比例运算电路的放大倍数为$1+R_{P2}/R_2$，所以只要负反馈支路的参数满足$R_{P2}>2R_2$，该电路即可起振。

五、实验内容和步骤

1. 分立元件 *RC* 振荡器

图 2-10-2 是由分立元件组成的振荡电路图。

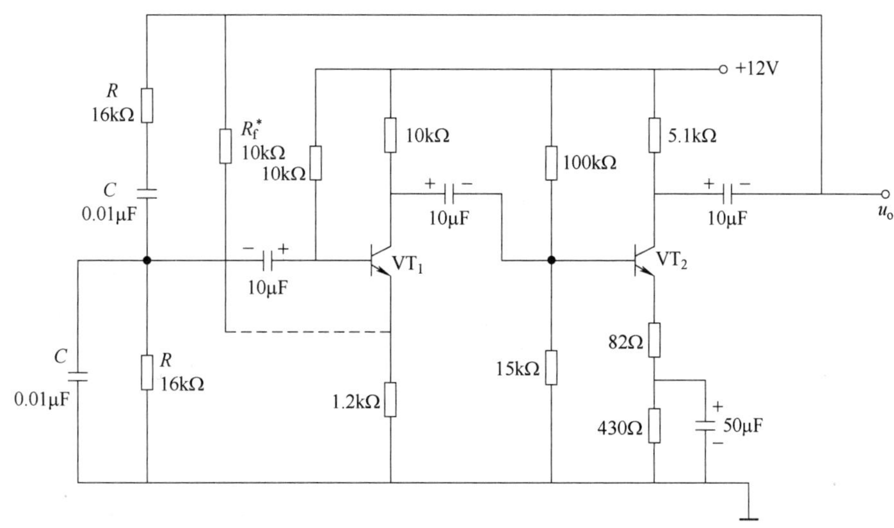

图 2-10-2 分立元件 *RC* 振荡器

1）按图 2-10-2 连接电路。

2）接通 *RC* 串并联网络，调节 R_f^* 并使电路起振，用示波器观测输出电压 u_o 波形。调节 R_f^* 获得满意的正弦信号，记录输出波形的频率 f_0 及幅度 U_o，并与按照该电路参数的振荡频率计算值进行比较，填入表格 2-10-1 中。

表 2-10-1 电路输出信号频率幅度数据

理论值 f_0	测量值 f_0	幅度 U_o

3）用示波器观察信号，并记录输入信号 u_i 和输出信号 u_o 的值，计算电路电压放大倍数。断开 *RC* 串并联网络，测量放大器静态工作点，并将测量及计算结果填入表 2-10-2 中。

表 2-10-2　放大器电压放大倍数及静态工作点测试

放大倍数			静态工作点					
u_o	u_i	A_u	U_{B1}	U_{C2}	U_{E3}	U_{B2}	U_{C2}	U_{E2}

4）改变 R 或 C 值，观察振荡频率变化情况。

5）RC 串并联网络幅频特性的观察。

将 RC 串并联网络与放大器断开，用函数信号发生器的正弦信号注入 RC 串并联网络，保持输入信号的幅度不变（约 3V），频率由低到高变化，RC 串并联网络输出幅值将随之变化，当信号源达到某一频率时，RC 串并联网络的输出将达到最大值（约 1V 左右）。且输入、输出同相位，此时信号源频率即为振荡频率，与 2）中的振荡频率值进行比较，看是否相符。

2. 集成运放 RC 振荡器

图 2-10-3 是由集成运放组成的振荡器。

1）根据电路设计要求，按图 2-10-3 组装焊接电路。将 RC 串并联电路连接到由集成运放构成的振荡电路，构成 RC 正弦波振荡器。调节电阻 $R_{P1}=R_1=10\text{k}\Omega$，需预先调好再接入。

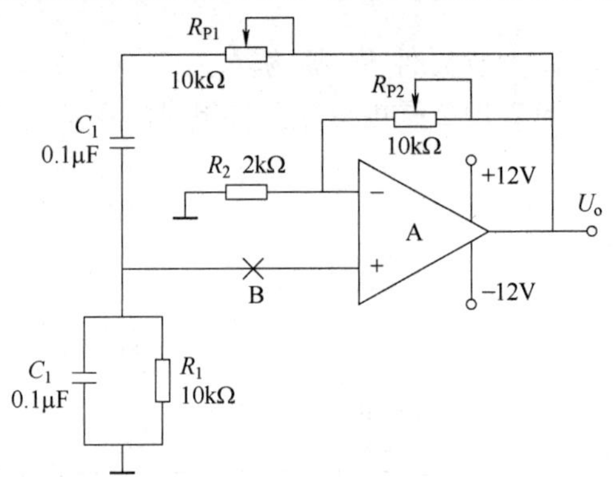

图 2-10-3　集成运放 RC 振荡器

2）在调试信号的过程中，注意调节电位器 R_{P1} 和 R_{P2} 的阻值。用示波器观测输出电压 u_o 波形。使输出信号获得满意的正弦信号，记录输出波形的频率 f_0 及幅度 U_o，并与按照该电路参数的振荡频率计算值进行比较，填入表格 2-10-3 中。

表 2-10-3　电路输出信号频率、幅度数据

理论值 f_0	测量值 f_0	幅度 U_o

若元件完好，接线正确，电源电压正常，而 $U_o=0$，原因何在？应怎么办？若输出信号出现明显失真，原因何在？又该如何解决？

3）用示波器观察正弦信号，当电路有正常输出时，记录输入信号 u_i 和输出信号 u_o 的值，计算电路电压放大倍数。把数据填入表 2-10-4 中。

表 2-10-4　RC 振荡电路电压放大倍数

放大倍数		
u_o	u_i	A_u

3. 改变振荡频率

在实验线路上设法使文氏桥电阻 $R_1=10\text{k}\Omega+20\text{k}\Omega$，在 R_1 与地端串入一个 20kΩ 电阻即可。

六、实验报告要求

1. 画出输出波形，测量频率 f_0 和幅度 U_o。

2. 按照实验内容与步骤中的要求记录数据，并进行相应处理。

3. 完成预习要求中第 4 项的内容。

4. 电路中哪些参数与振荡频率有关？将振荡频率的实测值与理论估算值进行比较，分析产生误差的原因。

七、注意事项

1. 改变参数前，必须先关断实验线路电源开关，检查无误后再接通电源。测 f_0 之前，应适当调节 R_{P2} 使 U_o 无明显失真后，再测频率值。

2. 安装芯片时，注意引脚顺序，正负电源切勿接反。

八、思考题

在振荡电路中，电路需满足什么条件才能使电路输出稳定幅度的正弦波形？

实验十一　波形发生器的设计

一、实验目的

1. 掌握波形发生器的电路构成及工作原理。
2. 熟悉波形发生器的调整和测试方法。
3. 熟悉方波、三角波发生器的设计思路和方法。

二、实验器材

1. 双踪示波器。
2. 低频信号发生器。
3. 实验电路板。
4. 万用表、电阻、电容、LM741 芯片。

三、实验预习要求

1. 复习有关方波及三角波发生器的工作原理，定性画出 U_o 和 U_C 波形。
2. 若图 2-11-1 电路中 $R=10\text{k}\Omega$，计算 U_{o1}的频率。
3. 思考图 2-11-1 电路如何使波形占空比变大。
4. 思考图 2-11-2 电路如何改变输出频率，如何连续改变输出频率。

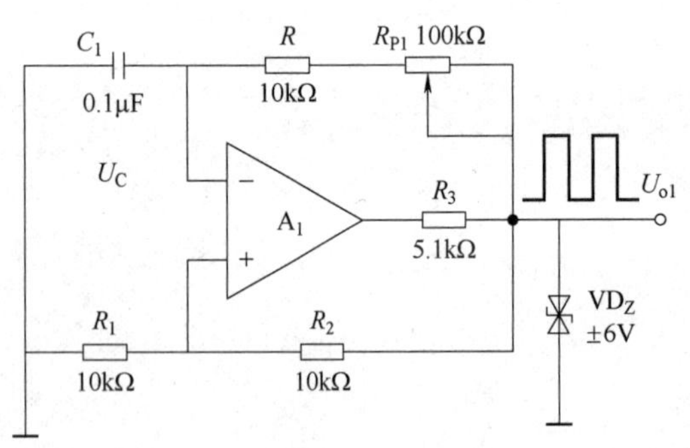

图 2-11-1　方波发生器

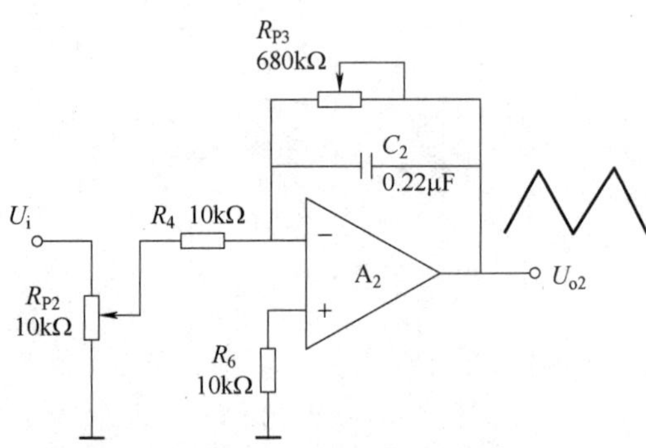

图 2-11-2　三角波发生器

四、实验原理

1. 方波发生器

由集成运放构成的方波发生器和三角波发生器，一般均包括比较器和 RC 积分器两大部分。图 2-11-1 所示为由滞回比较器及简单 RC 充放电回路组成的方波发生器。它的特点是线路结构简单，主要用于产生方波信号。

电路输出频率为

$$f_0=\frac{1}{2\pi R_f C_1 \ln\left(1+\frac{2R_1}{R_2}\right)}$$

式中，$R_f=R_3+R_{P1}$。

方波输出幅值为

$$U_{om}=\pm U_Z$$

调节电位器 R_{P1}，即改变 RC 电路的充放电时间，可以改变振荡频率，但方波的幅值由于输出端稳压管的限幅作用，幅值不会变化。

2. 三角波发生器

将矩形波进行积分，可以得到线性度比较好的三角波。因此把图 2-11-1 电路产生的矩形波和图 2-11-2 的积分器连接，则方波发生器输出的方波经积分器 A_2 积分可得到三角波，图 2-11-1 电路中产生的连续的方波，在后续电路里就可产生连续的三角波，即可构成三角波和方波发生器。图 2-11-3为方波和三角波发生器输出波形。由于采用运放组成的积分电路，因此可实现恒流充电，使三角波线性大大改善。

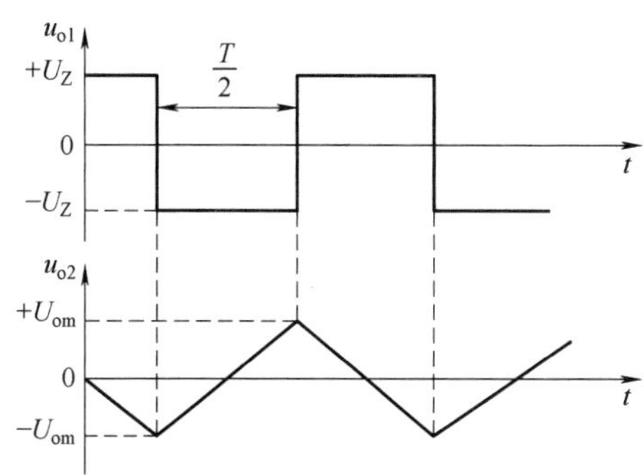

图 2-11-3 方波和三角波发生器输出波形

调节 R_{P2}可以改变方波输入信号的幅值，即相当于改变了三角波的输出幅度；改变 R_{P3}和电容 C_2 可调节三角波的周期，相当于改变了积分电路的时间常数。在实际电路里，调整三角波的输出幅度和振荡周期时，在 U_Z 值确定后，应该先调整电阻 R_{P2}，使输出幅度达到规定值；然后再调整 R_{P3}和电容 C_2，使波形振荡周期达到要求。

五、实验内容和步骤

1. 方波发生器

实验电路如图 2-11-1 所示，双向稳压管一般为 5~6V。

1）按电路图连接，调节电位器 R_{P1}，用双踪示波器观察输入端信号 U_C 和输出信号 U_{o1} 的波形及频率。

2）当充放电电路中电阻为 10kΩ 和 100kΩ 时，用示波器观察 U_C 和 U_{o1}（注意对应关系），测量其幅值及频率，记录数据，填表 2-11-1，并画图。

3）要想获得更低的频率应如何选择电路参数？

表 2-11-1 方波发生器数据

测量项目 / 实验内容	方波信号	
	频率	幅值
$R=10\text{k}\Omega$		
$R=100\text{k}\Omega$		

2. 方波变三角波

实验电路如图 2-11-2 所示。

1）将图 2-11-1 电路输出的方波 U_{o1} 与图 2-11-2 电路 U_i 相连接，然后用示波器观察 U_{o1} 与 U_{o2} 的波形图，记录 U_{o2} 的波形和幅值，并画出方波与三角波的对应图形。

2）改变 R_{P1}，观察对 U_{o2} 幅值及频率的影响，并描述。

3）调节 R_{P2}，改变输入方波的幅值，用示波器观察输出三角波波的变化，观察对 U_{o2} 幅值及频率的影响，并描述。

4）调节 R_{P3}，观察对 U_{o2} 幅值及频率的影响，并描述。

六、实验报告要求

1. 画出图 2-11-1 中的 U_C 和 U_{o1} 波形的对应图形及参数，并计算出方波频率 f。
2. 方波频率由哪些元件决定？写出频率公式。
3. 画出方波 U_{o1} 和三角波 U_{o2} 波形的对应图形及参数，并求出三角波频率 f。
4. 三角波频率和幅值由哪些元件决定？

七、注意事项

1. 改变参数前，必须先关断实验线路电源开关，检查无误后再接通电源。
2. 安装芯片时，注意引脚顺序，正负电源切勿接反。
3. 焊接电路时，尽量避免出现虚焊、短路等现象。

八、思考题

1. 要想把输出信号方波改为矩形波，电路应做何种调整才可以实现？
2. 要想改变三角波的幅值和频率，电路图 2-11-2 应做何种调整才可以实现？

实验十二　功率放大器的设计

一、实验目的

1. 熟悉集成功率放大器的特点、调试、输出功率及效率。
2. 掌握集成功率放大器的主要性能指标及测试方法。
3. 了解集成功率放大器外围电路元件参数的选择和集成功率放大器的使用方法。

二、实验器材

1. 双踪示波器。
2. 低频信号发生器。
3. 实验电路板。
4. 芯片 LM386、电阻、电容、音乐芯片。

三、实验预习要求

1. 复习集成功率放大器的工作原理，分析图 2-12-2 电路的工作原理。
2. 图 2-12-2 电路中，若 $V_{CC}=12V$，$R_L=8\Omega$，估算 P_{CM}及 P_V 值。

四、实验原理

在电子系统中，模拟信号被放大后，往往要求放大电路的输出级输出一定功率，能够驱动负载工作，例如，驱动仪表，使指针偏转；扩音系统中使扬声器发声；驱动自动控制系统中的执行机构等。能够向负载提供足够大信号功率的放大器称为功率放大电路。

功率放大电路主要采用互补对称式放大电路，主要分为 OTL 互补对称电路和 OCL 互补对称电路。在此实验中用到的通用型集成音频功率放大器 LM386 就是采用 OTL 互补对称电路，其内部电路主要由输入级、中间级和功率输出级三部分组成。

1. OTL 互补对称电路主要参数的估算

（1）最大输出功率

晶体管的集电极最大电压

$$U_{cem}=\frac{V_{CC}}{2}-U_{CES}$$

晶体管的集电极最大电流

$$I_{cm}=\frac{V_{CC}/2-U_{CES}}{R_L}$$

最大输出功率

$$P_{om}=\frac{1}{2}U_{cem}I_{cm}=\frac{(V_{CC}/2-U_{CES})^2}{2R_L}$$

式中，U_{CES}为晶体管的饱和管压降。当 $U_{CES} \ll \frac{V_{CC}}{2}$时，$P_{om}=\frac{V_{CC}^2}{8R_L}$。

（2）效率

$$\eta=\frac{P_{om}}{P_V}=\frac{\pi}{4}=78.5\%$$

式中，P_V 为直流电源提供的功率 $P_V=\frac{V_{CC}^2}{2\pi R_L}$。

2. LM386 的引脚和接法

LM386 有八个引脚，如图 2-12-1 所示，其中引脚 2 和 3 分别为反相输入端和同相输入端，5 为输出端。6 为直流电源端，4 为接地端。引脚 7 与地之间应接一个旁路电容 C_B，引脚 1、8 为增益控制端。

引脚 1 和 8 两端开路，功率放大电路的电压增益约为 20 倍（即 26dB）。如果在 1、8 两端之间仅接一个大电容，则相当于交流短路，此时电压增益约为 200 倍（即 46dB）。而在 1、8 两端之间接入不同阻值的电阻，即可得到 20~200 倍之间的电压增益。但接入电阻时必须与一个大电容串联，即 1、8 两端之间接入的元件不能改变放大电路的直流通路。

在实验中 LM386 的接法如图 2-12-2 所示。交流信号（或音乐芯片的信号）加在 LM386 的同相输入端，而反相输入端 2 接地。输出端通过一个 220μF 的大电容接到约 8Ω 的负载电阻（扬声器）上，此时 LM386 组成 OTL 准互补对称电路。引脚 6 接直流电源+12V，旁路一个 0.1μF 的电容 C_1，主要起过滤杂波的作用。引脚 7 旁路一个电容 C_3 接地。1、8 两引脚之间接入一个 10μF 的电容，不接电阻，故此时电压增益达到最大，约为 200 倍。

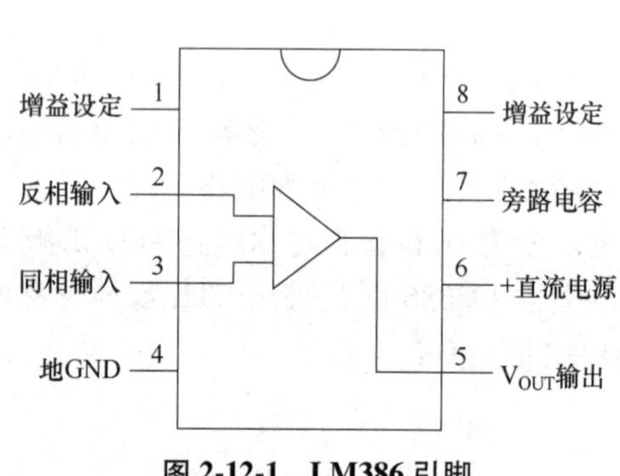

图 2-12-1 LM386 引脚

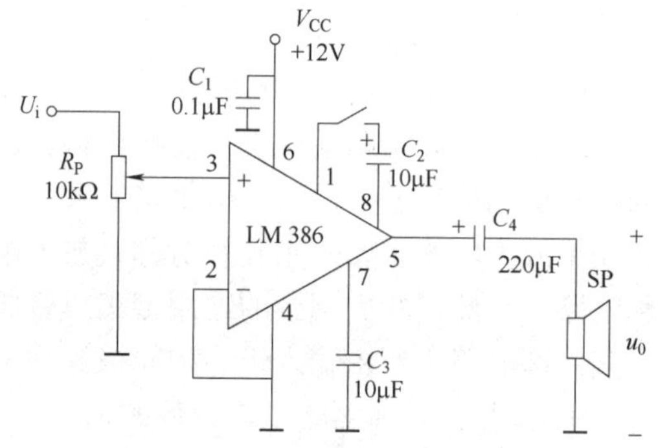

图 2-12-2 集成功放 LM386 电路

五、实验内容和步骤

集成功率放大器 LM386 的电路设计如图 2-12-2 所示。

1. 按电路设计要求挑选合适大小的电路元件，用万用表判别元件的好坏，按设计图的要求焊接电路。经检查无误后接通电源。

2. 在输入端 *Ui* 接 1kHz 正弦波信号，调节 R_P 改变输入信号的大小，用示波器观察输出波形，逐渐加大输入信号幅值，直至出现最大不失真为止，记录此时输入、输出电压幅值，计算电路的电压放大倍数，填表 2-12-1，并画出波形。

表 2-12-1　功率放大器数据表格

实验内容＼测量项目	输入信号 U_i	输出信号 U_o	放大倍数 A_u
接入 10μF 电容			
不接 10μF 电容			

3. 去掉 10μF 电容，重复上述实验，填表 2-12-1。

4. 去掉输入信号，输入信号改接为音乐芯片，连接电路，在输出端扬声器中有音乐播出，电路即焊接成功。

5. 然后去掉 1、8 两端之间的 10μF 电容，与之前扬声器的音乐声音大小做比较。

六、实验报告要求

1. 根据实验测量值，计算两种情况下 P_{om}、P_V及 η。

2. 绘制出电源电压与输出电压、输出功率的关系曲线。

七、注意事项

1. 焊接完电路，必须检查无误后再接通电源；焊接电路时，尽量避免出现虚焊、短路等现象。

2. 安装芯片时，注意引脚顺序，并注意用电安全。

八、思考题

在功率放大器中，比较两种互补对称电路 OTL 和 OCL 电路的不同之处，并计算两者的最大输出功率和效率。

实验十三　电压比较器的设计

一、实验目的

1. 熟悉电压比较器的电路构成、特点及用途。
2. 掌握电压比较器传输特性的测试方法。
3. 学习电压比较器在电路设计的应用。

二、实验器材

1. 双踪示波器。
2. 低频信号发生器。
3. 万用表。
4. 运算放大器 LM741、电阻等元器件。

三、实验预习要求

1. 预习四种电压比较器的工作原理，分析图 2-13-2 的工作原理。
2. 单限比较器和滞回比较器相比较，哪一种比较器的抗干扰能力比较强，为什么？

四、实验原理

电压比较器（简称比较器）是集成运放非线性应用电路，它是对输入信号进行鉴幅和比较的电路，是组成非正弦波发生器的基本单元电路，在测量和控制中有着相当广泛的应用。比较器可将模拟信号转换成二值信号，即只有高电平和低电平两种状态的离散信号。可用作模拟电路和数字电路的接口，也可用作波形发生和变换电路等。

电压比较器和运算放大器在电气性能参数方面有许多不同之处。运算放大器在不加负反馈时，从原理上讲可以用作比较器，但比较器的响应速度比运算放大器快，传输延迟时间比运算放大器小，而且不需要外加限幅电路就可直接驱动 TTL、CMOS 等数字集成电路。但在要求不高的情况下也可以考虑将某些运算放大器（如 LM324 、LM358、μA741、TL081、OP27 等）当作比较器使用。常见的比较器有单限比较器、滞回比较器、窗口比较器等。常用的电压比较器有 LM339、LM393、LM311 等。

1. 单限比较器

单限比较器的阈值电压 U_T 可以为零（可称为过零比较器），也可以为某一固定数值，电路如图 2-13-1 所示。运算放大器工作在开环状态，电路的输出端接电阻和稳压管，分别进行限流和限幅。

当输入电压 $u_I<0$ 时，$u_O=+U_Z$；当 $u_I>0$ 时，$u_O=-U_Z$。若运算放大器的同相输入端不接地，接某一不为零的电压值 U_{REF}，则当输入电压 $u_I<U_{REF}$时，$u_O=+U_Z$；当 $u_I>U_{REF}$时，$u_O=-U_Z$。

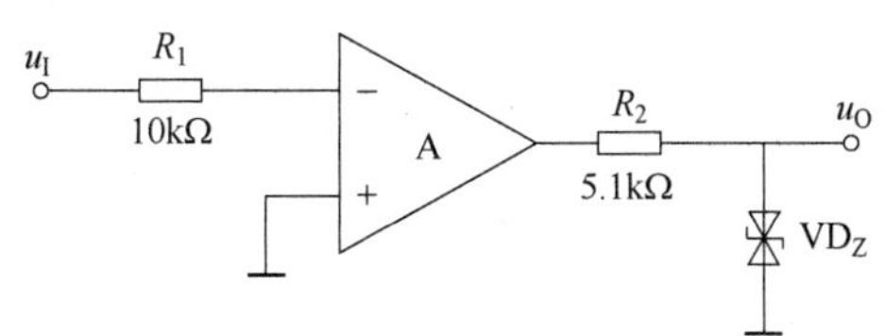

图 2-13-1　单限比较器

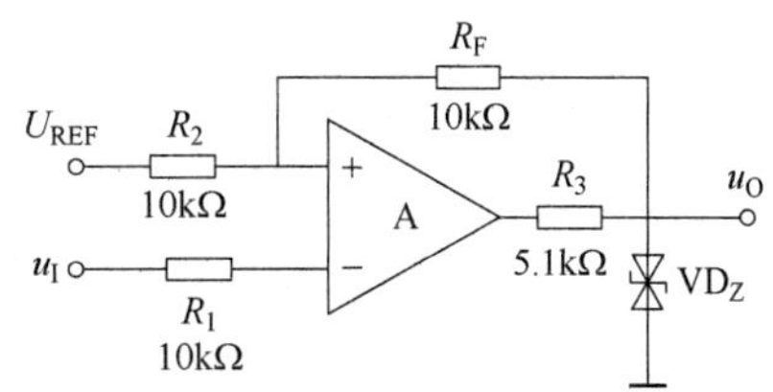

图 2-13-2　反相滞回比较器

2. 滞回比较器

滞回比较器有两个阈值电压。输入电压 u_I 从小变大的过程中使输出电压 u_O 产生跃变的阈值电压 U_{T1}，不等于输入电压 u_I 从大变小的过程中使输出电压 u_O 产生跃变的阈值电压 U_{T2}。当输入信号接在运算放大器的反向输入端，称为反相滞回比较器，如图 2-13-2 所示，若输入信号接在同相输入端，则称为同相滞回比较器。电路的输出传输特性具有“滞回”特性，如图 2-13-3 所示。

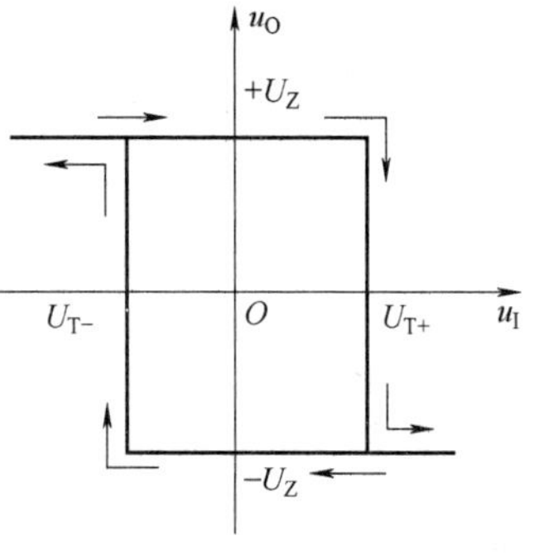

图 2-13-3　滞回比较器的传输特性

如图 2-13-2 所示，反相滞回比较器的输出电压 $u_O=\pm U_Z$，运算放大器反相输入端电位 $u_-=u_I$，同相输入端电位 $u_+=\dfrac{R_F}{R_2+R_F}U_{REF}+\dfrac{R_2}{R_2+R_F}u_O$。

当 $u_-=u_+$，可得出 u_I 的值就是阈值电压，因此得出

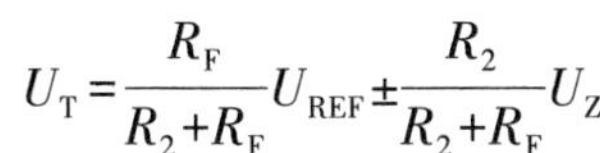

$$U_T=\frac{R_F}{R_2+R_F}U_{REF}\pm\frac{R_2}{R_2+R_F}U_Z$$

若将图 2-13-2 中的 u_-通过 R_1 接地，u_I 通过电阻 R_2 接到 u_+，可构成同相滞回比较器。根据电压传输特性可知，输入电压作用于同相输入端，可根据 $u_-=u_+$自行求出电路的阈值电压和传输特性。

3. 双限电压比较器

双限电压比较器电路如图 2-13-4 所示。外加参考电压 $U_{RH}>U_{RL}$，当输入电压 $u_I>U_{RH}$时，VD_1 导通，$u_O=+U_{OM}$；当输入电压 $u_I<U_{RL}$时，VD_2 导通，$u_O=+U_{OM}$；当 $U_{RL}<u_I<U_{RH}$时，VD_1、VD_2 均截止，$u_O=0$。

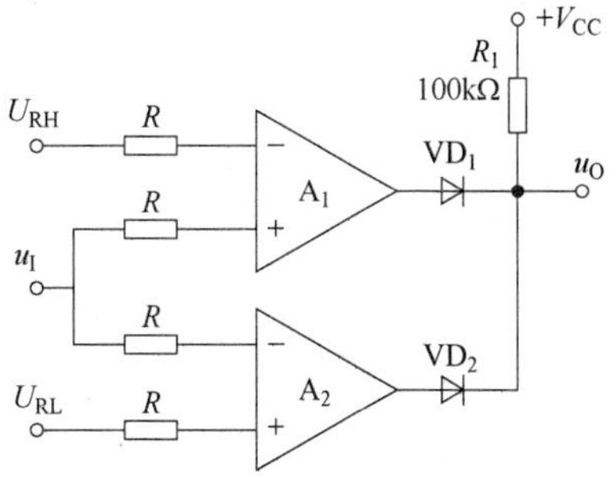

图 2-13-4　双限电压比较器电路

五、实验内容和步骤

1. 单限比较器

按照图 2-13-1 在实验箱上连接线路，参考表 2-13-1 自拟数据进行如下测试。

1）测量 u_I 悬空时的 u_O。

2）输入幅值 1V、频率 f =1kHz 的正弦信号，观察 u_I 和 u_O 的波形并记录。

3）改变 u_I 幅值，观察 u_O 变化。

2. 反相滞回比较器

按照图 2-13-2 在实验箱上连接线路，其中稳压管的稳压值 $U_Z=\pm3V$，$U_{REF}=4V$。自拟数据表格进行如下测试。

1）u_I 接±5V 可调直流电源，调输入电压测出 u_O 由 $+U_Z$ 变化至 $-U_Z$ 时的 u_I 的临界值。

2）u_I 接±5V 可调直流电源，调输入电压测出 u_O 由 $-U_Z$ 变化至 $+U_Z$ 时的 u_I 的临界值。

3）输入幅值为 1V、频率 f = 1kHz 的正弦信号，观察 u_I 和 u_O 的波形并记录。

4）将电路中 R_F 调为 200kΩ，输入幅值为 1V、频率 f= 1kHz 的正弦信号，观察 u_I 和 u_O 的波形并记录，并与 3）的波形进行比较和分析。

3. 双限电压比较器

按照图 2-13-4，在实验箱上连接线路，自行设置参考电压值，测试并画出电压传输特性曲线与 u_I 和 u_O 的对应波形。

4. 比较器在报警电路中的应用

设计电压越限报警电路并测试。要求：当电压大于 5V 或小于 1V 时电路发出报警信号。

六、实验报告要求

1. 根据实验测量值，参考表 12-13-1 填写数据，并画出输入信号与输出信号对应波形。

表 2-13-1　参考数据

输入电压 u_I/V						
输出电压 u_O/V						
输入电压 u_T/V						

2. 绘制出各比较器输入电压与输出电压的特性曲线。

七、注意事项

1. 实验前需估算比较器的阈值电压，测试时在阈值电压附近适当增加测试数据组数，以提高测试传输特性的准确性。

2. 研究滞回比较器波形转换时，需注意输入信号的幅值要在合适范围内。

3. 设计报警器时，负载可使用发光管或扬声器等。

八、思考题

1. 电压比较器与运算电路有什么区别？

2. 若想获得与输入正弦波反向的方波信号，应选用哪种电路？

实验十四　有源滤波器的设计与应用

一、实验目的

1. 掌握各种滤波电路及特点。
2. 熟悉滤波电路的设计及测试方法。

二、实验器材

1. 双踪示波器。
2. 低频信号发生器。
3. 模拟电路实验箱。
4. 数字万用表、运算放大器 LM741 及各阻值的电阻元器件。

三、实验预习要求

预习四种滤波电路的工作原理，及其频率特性。

四、实验原理

由 *RC* 元件与运算放大器组成的滤波器称为 *RC* 有源滤波器，其功能是让一定频率范围内信号顺利通过，抑制频率范围以外的信号，可用在信号处理、数据传输、抑制干扰等方面。因受运算放大器频带的限制，这类滤波器主要用于低频范围。根据对频率范围的选择不同，*RC* 有源滤波器可分为低通滤波器（LPF）、高通滤波器（HPF）、带通滤波器（BPF）和带阻滤波器（BEF）四种。

1. 低通滤波器（LPF）

低通滤波器能够通过低频信号，衰减或抑制高频信号。它由两级 *RC* 滤波电路与同相比例运算电路组成，图 2-14-1 中第一级电容 *C* 接至输出端，引入一定的正反馈以改善电路的幅频特性，该电路称为二阶有源低通滤波电路，在其对数幅频特性图的过渡区以−40dB/dec 的速度下降。

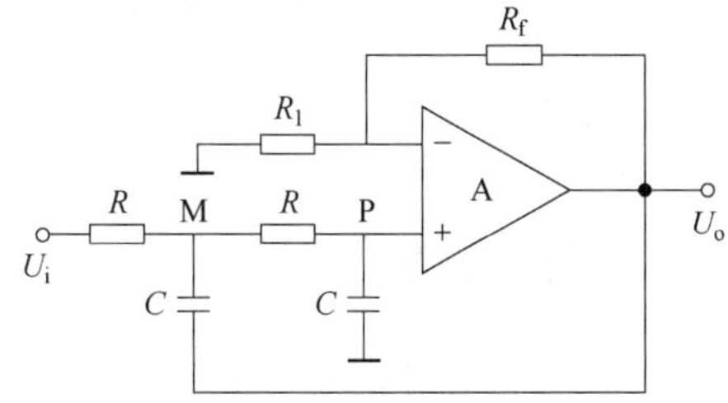

图 2-14-1　二阶有源低通滤波器

电路性能参数如下：

通带电压放大倍数：

$$A_{up}=1+\frac{R_f}{R_1}$$

通带截止频率，它是放大倍数下降为原来的 0.707 倍时对应的频率：

$$f_0=\frac{1}{2\pi RC}$$

品质因数，它的大小影响低通滤波电路在截止频率处幅频特性的形状：

$$Q=\frac{1}{3-A_{up}}$$

2. 高通滤波器（HPF）

高通滤波器允许高于某一频率的信号通过，衰减或抑制低频信号。

将图 2-14-1 中其滤波作用的电阻和电容互换，即可变成二阶有源高通滤波器，如图 2-14-2 所示。

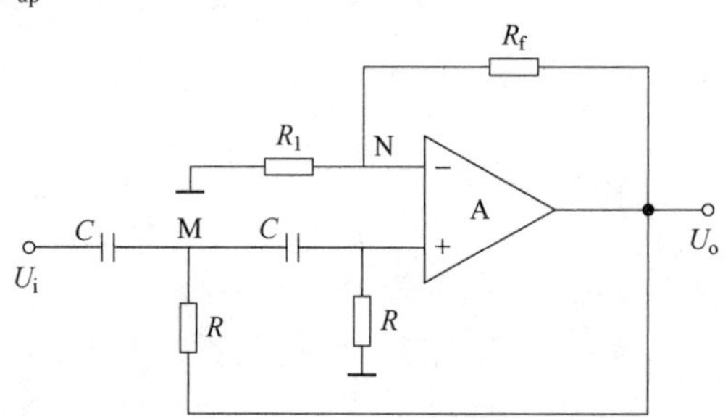

图 2-14-2　二阶有源高通滤波器

五、实验内容和步骤

此实验可以通过硬件电路在实验箱上实现，也可以用 Multisim 软件在计算机上仿真实现。

1. 低通滤波器

1）接通±12V 电源。u_i 接函数信号发生器，输出幅值 $U_i=1V$ 的正弦信号，根据电路图 2-14-1的参数预测低通滤波电路的截止频率，在截止频率附近改变输入信号频率，用示波器或交流毫伏表观察输出电压的变化量是否具备低通特性，如不具备，检查电路，排除故障。

2）在输出波形不失真的条件下，选取适当幅度的正弦输入信号，在维持输入信号 U_i 幅度不变的情况下，逐点改变输入信号频率。测量输出电压，记入表 2-14-1 中，并描绘频率特性曲线。

2. 高通滤波器

1）接通±12V 电源。u_i 接函数信号发生器，输出幅值 $U_i=1V$ 的正弦信号，根据电路图 2-14-2的参数预测高通滤波电路的截止频率，在截止频率附近改变输入信号频率，用示波器或交流毫伏表观察输出电压的变化量是否具备高通特性，如不具备，检查电路，排除故障。

2）在输出波形不失真的条件下，选取适当幅度的正弦输入信号，在维持输入信号 U_i 幅度不变的情况下，逐点改变输入信号频率。测量输出电压，记入表 2-14-1 中，并绘制频率特性曲线。

六、实验报告要求

1. 根据设计的电路参数分别预测低通电路和高通电路的截止频率。
2. 在截止频率附近多选取几个频率，记录输出信号幅度。填写表 2-14-1。

表 2-14-1　低通和高通滤波器测试数据

低通	f/Hz									
滤波	U_o/V									
高通	f/Hz									
滤波	U_o/V									

七、注意事项

1. 条件允许情况下可使用扫描仪测试滤波电路的频率特性曲线。
2. 用点频法测试需先估算电路的截止频率，在截止频率附近应多选几组数据进行测试。
3. 为方便测试幅频特性，通带放大倍数可适当大一些。

八、思考题

1. 根据实验曲线，计算截止频率、中心频率和带宽。
2. 根据电路特点，设计带通电路和带阻电路，查找资料自行选择电路参数。
3. 总结有源滤波电路的特性。

第三部分 数字电子技术基础

实验一　门电路逻辑功能测试

一、实验目的

1. 熟悉门电路逻辑功能。
2. 学会门电路的检测方法。
3. 熟悉数字电路实验箱的使用方法。

二、实验器材

1. 数电实验箱。
2. 数字万用表。
3. 芯片 74LS00，二输入端四与非门，两片。
4. 芯片 74LS20，四输入端二与非门，一片。
5. 芯片 74LS86，二输入端四异或门，一片。

三、实验原理

1. 门电路逻辑功能测试

在数字电路实验中，保证实验结果正确的首要条件是确保所使用的仪器设备和电子器件均能正常工作。所以在进行具体的实验操作前，先要对所用到的仪器设备和电子器件进行检测。门电路逻辑功能测试就是分别测试芯片中每个独立的门电路是否可以按照逻辑功能正常工作。例如，本实验中所用到的芯片 74LS20 是四输入端二与非门，即在一个芯片内含有两个互相独立的与非门，每个与非门有四个输入端，其符号及引脚图如图 3-1-1 所示。

与非门的逻辑功能是：当输入端中有一个或一个以上是低电平时，输出端为高电平；只有当输入端全部为高电平时，输出端才是低电平（即有“0”得“1”，全“1”得“0”）。图 3-1-1a 的逻辑表达式为 $Y=\overline{ABCD}$。

按照真值表设置各个输入端的高低电平状态，同时监测输出端的状态变化情况。如果输出端的输出结果与真值表中对应的每种输入组合的输出结果相同，说明所检测的该门电路是正常

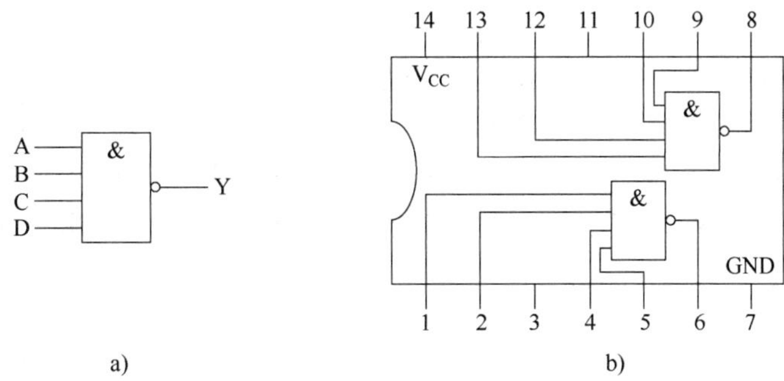

图 3-1-1　四输入端二与非门逻辑符号及引脚排列

a）四输入端二与非门符号　b）74LS20 引脚图

的。反之，则说明该门电路逻辑功能异常，不能使用。通常一个芯片中包含有多个门电路，必须将使用到的门电路都进行检测并确保逻辑功能正常后，才可在后续实验中放心使用。

2. 逻辑电路的逻辑功能测试

对于某个设计好的逻辑电路，既可按照理论知识推导出逻辑表达式，又可利用实验方法测试出其逻辑功能。实验测试法是通过控制输入端的高低电平输入状态，检测输出端电平状态，将其对应关系填入真值表，进而推导出电路的逻辑功能。

四、实验内容和步骤

实验前先检查实验箱电源是否正常，然后测试所选用的电平开关、发光二极管等是否正常。按接线图接好连线，特别注意电源 V_{CC} 及地线不能错接漏接，检查无误方可通电实验。实验中改动接线须先断开电源，接好线后再通电实验。

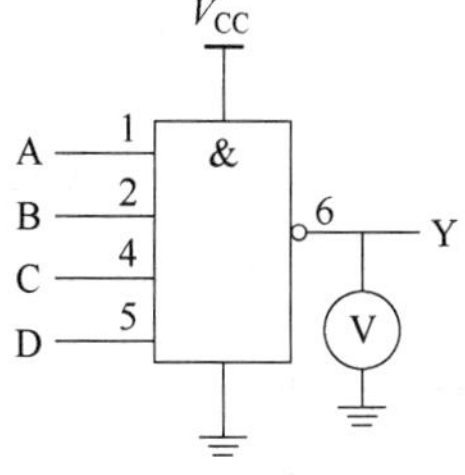

图 3-1-2　与非门逻辑功能测试电路

1. 测试门电路逻辑功能

1）参照 74LS20 的引脚图，在电路图 3-1-2 上标明引脚标号。

2）将 74LS20 插入实验箱的 14P（14 个引脚）插座上，安插芯片时要小心，以防损坏引脚。按图 3-1-2 接线，输入端接逻辑电平开关，输出端接电平显示发光二极管。

3）将电平开关按表 3-1-1 置位，表中“1”表示高电平，“0”表示低电平。分别观察发光二极管（LED）的状态，LED 亮表示 Y 输出高电平，灭表示 Y 输出低电平。并用万用表的直流电压 20V 档测输出电压，观察高低电平与电压值的对应关系。

表 3-1-1　与非门逻辑功能测试

输　入				输　出	
A	B	C	D	Y	电压/V
1	1	1	1		
0	1	1	1		
0	0	1	1		
0	0	0	1		
0	0	0	0		

2. 异或门逻辑功能测试

1）逻辑电路图如图 3-1-3a 所示，该电路使用了三个异或门。异或门之间的连接如图 3-1-3b所示，将虚线部分用导线连接即可。

2）该电路选择二输入端四异或门 74LS86 芯片搭接，引脚图如图 3-1-4 所示。为便于区分引脚，常按引脚图先逐个标注每个门电路的引脚标号，如图 3-1-3b 所示，门电路不能重复使用。

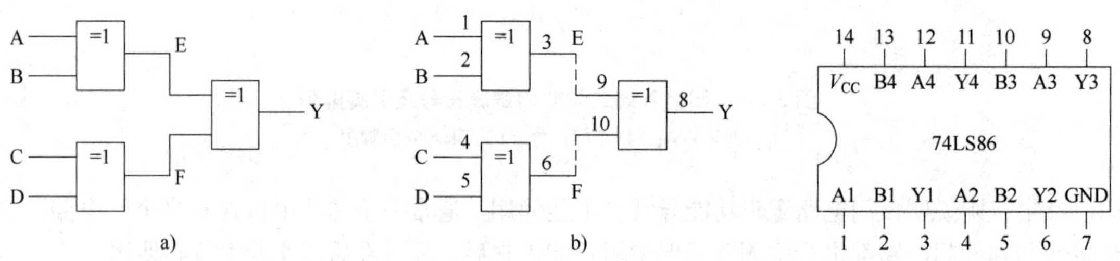

图 3-1-3　异或门逻辑功能测试图

a）逻辑电路图　b）门电路连接示意图

图 3-1-4　74LS86 引脚图

3）选二输入端四异或门电路 74LS86，按图 3-1-3 连线。如图 3-1-3a 中 E 点的连接，即将图 3-1-3b 中引脚 3 与引脚 9 连接实现。输入端 A、B、C、D 接逻辑电平开关，输出端 E、F、Y 接电平显示发光二极管。

4）将电平开关按表 3-1-2 输入端状态置位，将结果填入表中，该测试方式可同时检测三个异或门的逻辑功能。

表 3-1-2　异或门逻辑功能测试

输　入				输　出			
A	B	C	D	E	F	Y	Y 电压/V
0	0	0	0				
1	0	0	0				
1	1	0	0				
1	1	1	0				
1	1	1	1				
0	1	0	1				

3. 测试逻辑电路的逻辑关系

1）待测试的逻辑电路图如图 3-1-5 所示，该电路由五个与非门构成，需使用两片二输入端四与非门的 74LS00 芯片，引脚图如图 3-1-6 所示。将左边四个与非门划归为同一片 74LS00，使用罗马数字 I 标注，剩余最右侧的一个与非门使用另一片 74LS00，用罗马数字Ⅱ标注，之后将每个门电路依次标注引脚。

2）依照图 3-1-5 标注好的引脚进行接线。并按表 3-1-3 输入端 A 和 B 状态测试输出端 Y，并填写结果。

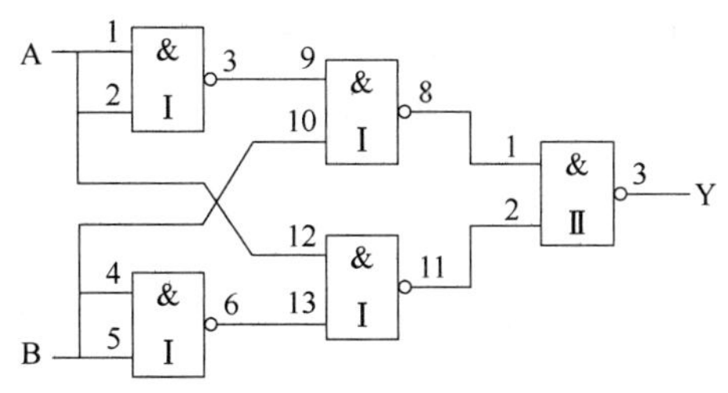

图 3-1-5　组合逻辑电路

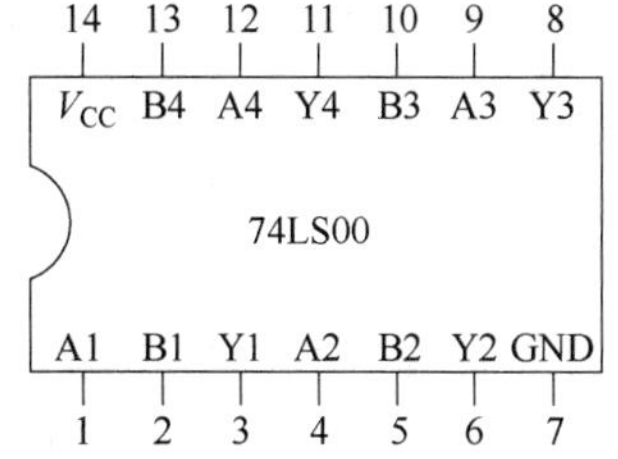

图 3-1-6　74LS00 引脚图

表 3-1-3　图 3-1-5 的真值表

输　　入		输　　出
A	B	Y
0	0	
0	1	
1	0	
1	1	

3）依据表 3-1-3，写出图 3-1-5 的逻辑表达式，并用理论推导方法进行验证。

4）仿照图 3-1-5 的步骤，完成图 3-1-7 中电路的逻辑功能测试，填写表 3-1-4，并写出逻辑表达式。

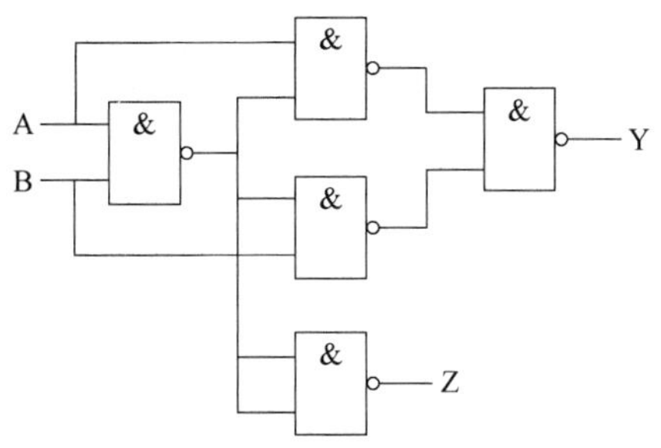

图 3-1-7　组合逻辑电路

表 3-1-4　图 3-1-7 的真值表

输　　入		输　　出	
A	B	Y	Z
0	0		
0	1		
1	0		
1	1		

五、实验报告要求

1. 在表 3-1-1~表 3-1-4 中记录实验数据和数据处理结果。

2. 画出各项实验逻辑电路图，并注明引脚，注意标注出门电路类型。
3. 将实验内容和步骤 3 中的实验结果与理论分析的逻辑功能做比较。

六、注意事项

1. 注意用电安全，连接好电路后方可接通电源。
2. 插拔芯片要小心，以防损坏引脚。

七、思考题

设计 74LS00 二输入端四与非门的检测方法。

实验二　组合逻辑电路功能测试

一、实验目的

1. 掌握组合逻辑电路的功能测试方法。
2. 验证半加器和全加器的逻辑功能。

二、实验器材

1. 数字电路实验箱。
2. 74LS00，二输入端四与非门，三片。
3. 74LS86，二输入端四异或门，一片。

三、实验原理

对于已知的组合逻辑电路的电路图，可用理论方法推导出这个电路的逻辑功能，但是该电路的运行结果是否和其所设计的功能一致，这就需要通过实验来进行具体的验证。具体的验证方法一般是按照以下步骤进行：

1）按照电路图推导出该电路的逻辑表达式。

2）根据逻辑表达式写出真值表。

3）按给定的电路图连线。

4）按真值表输入端状态组合进行测试，即改变输入端状态，记录输出端结果，并与真值表中的输出端状态进行比较，验证电路的可行性。

四、实验内容和步骤

1. 组合逻辑电路功能测试

1）按理论方法推出图 3-2-1 电路的逻辑表达式。

2）根据逻辑表达式列出真值表。

3）为便于接线和检查，首先要根据该芯片的引脚图在图 3-2-1 中注明芯片编号及各引脚对应的编号。例如，图 3-2-1 所示逻辑电路，它是由七个二输入端与非门构成的，所以要用到两片 74LS00 的二输入端四与非门。

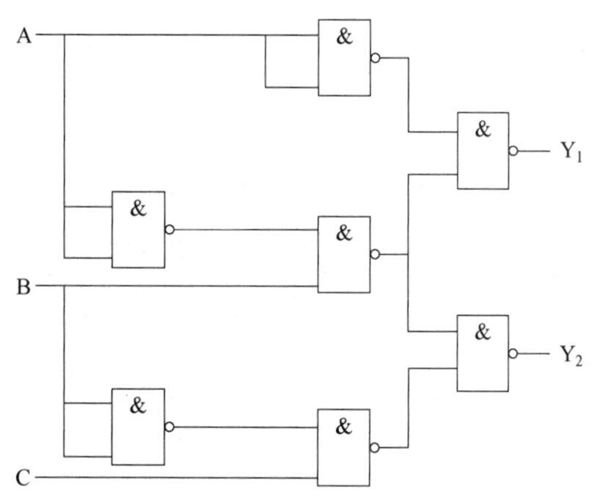

图 3-2-1　组合逻辑电路

4）在实验装置适当位置选定两个 14P 插座，按照芯片定位标记插好芯片 74LS00。按图 3-2-1 连线，图中 A、B、C 三个输入端接逻辑电平开关，Y_1、Y_2 两个输出端接发光二极管电平显示。

5）按表 3-2-1 要求，改变 A、B、C 三个输入端的状态，按照发光二极管的显示结果（亮为“1”，灭为“0”）记录 Y_1、Y_2 两个输出端的状态并填表 3-2-1，写出 Y_1、Y_2 逻辑表达式。

6）将理论推得的真值表和实验测得的真值表结果进行比较，看是否相符。

表 3-2-1　组合逻辑电路真值表

输　入			输　出	
A	B	C	Y_1	Y_2
0	0	0		
0	0	1		
0	1	0		
0	1	1		
1	0	0		
1	0	1		
1	1	0		
1	1	1		

2. 测试全加器的逻辑功能

1）写出图 3-2-2 全加器电路的逻辑表达式（为了方便推导可借助中间变量 Y、X_1、X_2、X_3 最终推出 S_i、C_i 的表达式）。

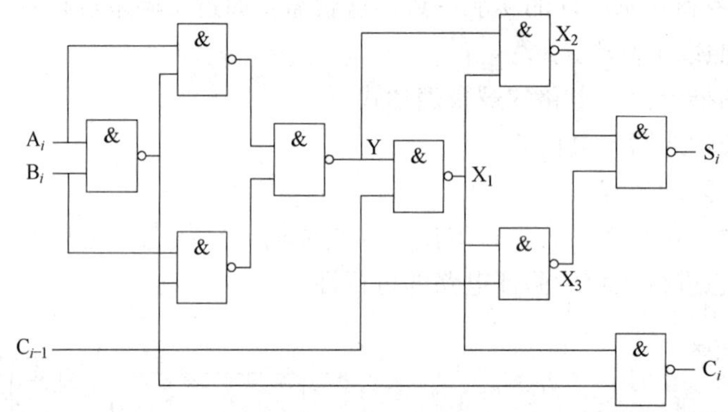

图 3-2-2　全加器电路

2）根据逻辑表达式列真值表，填表 3-2-2。

表 3-2-2　推导全加器电路真值表

A_i	B_i	C_{i-1}	Y	X_1	X_2	X_3	S_i	C_i
0	0	0						
0	1	0						
1	0	0						
1	1	0						
0	0	1						
0	1	1						
1	0	1						
1	1	1						

3）根据图 3-2-2 中所示，应选取 74LS00 进行实验，对该电路图进行芯片编号和标注引脚，然后进行连线并测试，将测试结果记入表 3-2-3 中，并与表 3-2-2 中的理论推导结果进行比较，看逻辑功能是否一致。

表 3-2-3　全加器电路测试真值表

A_i	B_i	C_{i-1}	C_i	S_i
0	0	0		
0	1	0		
1	0	0		
1	1	0		
0	0	1		
0	1	1		
1	0	1		
1	1	1		

五、实验报告要求

1. 填写表 3-2-1、表 3-2-2 和表 3-2-3，并画出图 3-2-1 和图 3-2-2。
2. 写出相应电路图的输出表达式。

六、注意事项

1. 注意芯片安插方向，每个芯片均需连接电源和地线。
2. 使用前测试每个门电路的逻辑功能，以保证芯片可正常使用。

七、思考题

总结并撰写组合逻辑电路功能测试实验的心得体会。

实验三　组合逻辑电路的设计

一、实验目的

1. 熟悉组合逻辑电路的设计方法与步骤。
2. 掌握组合逻辑电路的测试方法。

二、实验器材

1. 数字电路实验箱。
2. 74LS00，二输入端四与非门，两片。
3. 74LS20，四输入端二与非门，三片。
4. 74LS86，二输入端四异或门，一片。
5. 74LS04，六反相器，一片。

三、实验原理

1. 设计组合电路的一般步骤

如图 3-3-1 所示，根据设计任务的要求建立输入、输出变量，并列出真值表。然后用逻辑代数或卡诺图化简法求出简化的逻辑表达式，并按实际选用逻辑门的类型变换逻辑表达式。根据简化后的逻辑表达式画出逻辑图，用标准器件构成逻辑电路。最后用实验来验证设计的正确性。

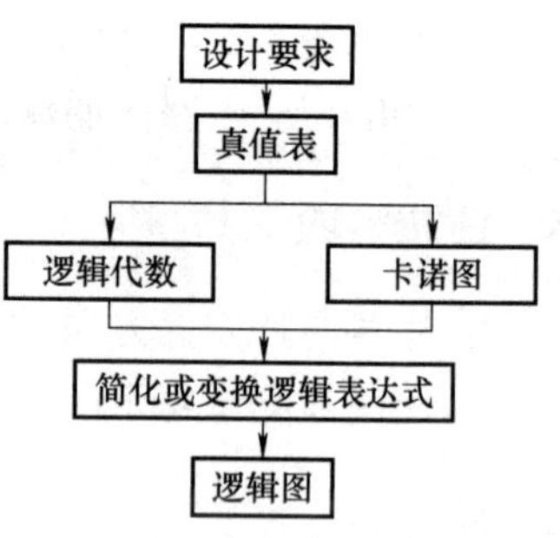

图 3-3-1　组合逻辑电路设计流程图

2. 组合逻辑电路设计举例

用与非门设计一个表决电路。当四个输入端中有三个或四个为“1”时，输出端才为“1”。设计步骤如下：

1）根据题意列出真值表，见表 3-3-1，再填入图 3-3-2 所示的表决电路卡诺图中。

表 3-3-1　表决电路真值表

D	A	B	C	Z
0	0	0	0	0
0	0	0	1	0
0	0	1	0	0
0	0	1	1	0
0	1	0	0	0
0	1	0	1	0
0	1	1	0	0
0	1	1	1	1

（续）

D	A	B	C	Z
1	0	0	0	0
1	0	0	1	0
1	0	1	0	0
1	0	1	1	1
1	1	0	0	0
1	1	0	1	1
1	1	1	0	1
1	1	1	1	1

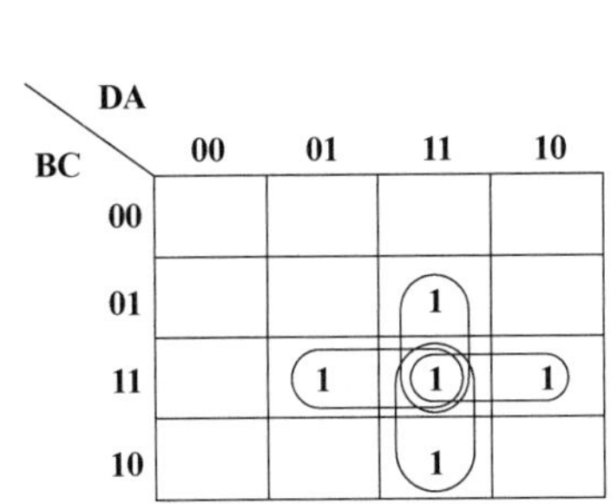

图 3-3-2　表决电路卡诺图

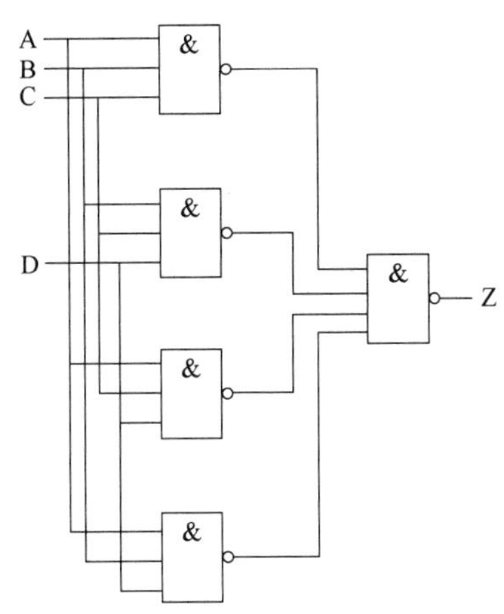

图 3-3-3　表决电路逻辑图

2）由卡诺图得出逻辑表达式，并演化成“与非”的形式。

$$Z=ABC+BCD+ACD+ABD=\overline{\overline{ABC}\cdot\overline{BCD}\cdot\overline{ACD}\cdot\overline{ABC}}$$

3）根据逻辑表达式画出用“与非门”构成的逻辑电路如图 3-3-3 所示。

4）用实验验证逻辑功能。

四、实验内容和步骤

1. 验证实验原理中设计的逻辑电路

在实验装置适当位置选定三个 14P 插座，按照芯片定位标记插好芯片 74LS20。按图 3-3-3接线（注意要先标注好芯片号和引脚），输入端 A、B、C、D 接至逻辑电平开关输出插口，输出端 Z 接逻辑电平显示输入插口。按真值表（自拟）要求，逐次改变输入变量，测量相应的输出值，与表 3-3-1 进行比较，验证所设计的逻辑电路是否符合要求。

2. 设计用异或门（74LS86）和与非门组成的一位半加器

要求按本文所述的设计步骤进行，直到测试电路逻辑功能符合设计要求为止。

3. 设计用异或门、与或非门和非门组成的一位全加器。

五、实验报告要求

1. 列写实验任务的设计过程，画出设计的电路图。
2. 对所设计的电路进行实验测试，记录测试结果。

六、注意事项

1. 画逻辑图要层次清晰、符号准确和连线标准。
2. 需要根据指定门电路类型设计电路。

七、思考题

总结并撰写组合逻辑电路的设计体会。

实验四　译码器及其应用

一、实验目的

1. 掌握中规模集成译码器的逻辑功能和使用方法。
2. 熟悉数码管的使用。

二、实验器材

1. 数字电路实验箱。
2. 74LS138，3 线-8 线译码器，两片。
3. CD4511，七段显示译码器，一片。

三、实验原理

译码器是一个多输入、多输出的组合逻辑电路。它的作用是把给定的代码进行“翻译”，变成相应的状态，使输出通道中相应的一路有信号输出。译码器在数字系统中有广泛的用途，不仅用于代码的转换、终端的数字显示，还用于数据分配、存储器寻址和组合控制信号等。不同的功能可选用不同种类的译码器。

译码器可分为通用译码器和显示译码器两大类。前者又称为变量译码器。

1. 变量译码器

变量译码器又称二进制译码器，用以表示输入变量的状态，如 2 线-4 线、3 线-8 线和 4 线-16 线译码器。若有 n 个输入变量，则有 2^n 个不同的组合状态，就有 2^n 个输出端供其使用。而每一个输出所代表的函数对应于 n 个输入变量的最小项。

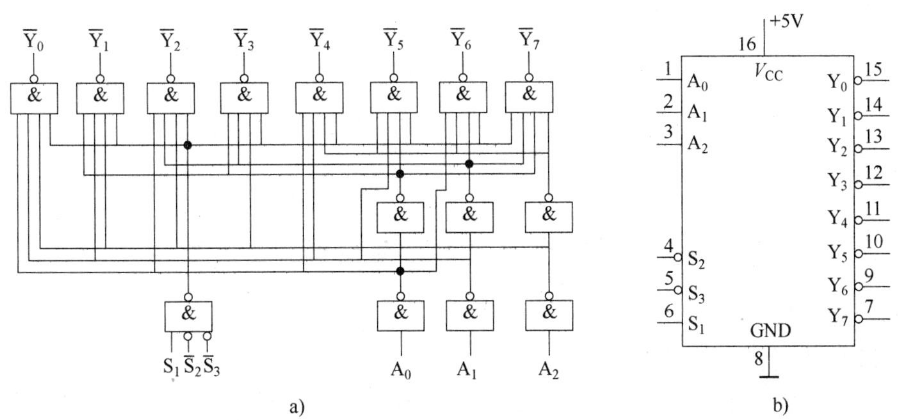

图 3-4-1　3 线-8 线译码器 74LS138 逻辑图及引脚排列

以 3 线-8 线译码器 74LS138 为例进行分析，图 3-4-1a、b 分别为其逻辑图及引脚排列。

其中 A_2、A_1、A_0为地址输入端，$\overline{Y}_0 \sim \overline{Y}_7$ 为译码输出端，S_1、$\overline{S}_2$、$\overline{S}_3$ 为使能端。

表 3-4-1 为 74LS138 功能表，当 $S_1 = 1$，$\overline{S}_2 + \overline{S}_3 = 0$ 时，器件使能，地址码所指定的输出端有信号（为 0）输出，其他所有输出端均无信号（全为 1）输出。

表 3-4-1　74LS138 功能表

输　入					输　出							
S_1	$\overline{S}_2+\overline{S}_3$	A_2	A_1	A_0	$\overline{Y}_0$	$\overline{Y}_1$	$\overline{Y}_2$	$\overline{Y}_3$	$\overline{Y}_4$	$\overline{Y}_5$	$\overline{Y}_6$	$\overline{Y}_7$
1	0	0	0	0	0	1	1	1	1	1	1	1
1	0	0	0	1	1	0	1	1	1	1	1	1
1	0	0	1	0	1	1	0	1	1	1	1	1
1	0	0	1	1	1	1	1	0	1	1	1	1
1	0	1	0	0	1	1	1	1	0	1	1	1
1	0	1	0	1	1	1	1	1	1	0	1	1
1	0	1	1	0	1	1	1	1	1	1	0	1
1	0	1	1	1	1	1	1	1	1	1	1	0
0	×	×	×	×	1	1	1	1	1	1	1	1
×	1	×	×	×	1	1	1	1	1	1	1	1

当 $S_1 = 0$、$\overline{S}_2 + \overline{S}_3 = \times$时，或 $S_1 = \times$、$\overline{S}_2 + \overline{S}_3 = 1$ 时，译码器被禁止，所有输出同时为 1。

利用使能端可以方便地将两个 3 线-8 线译码器构成一个 4 线-16 线译码器，如图 3-4-2 所示。

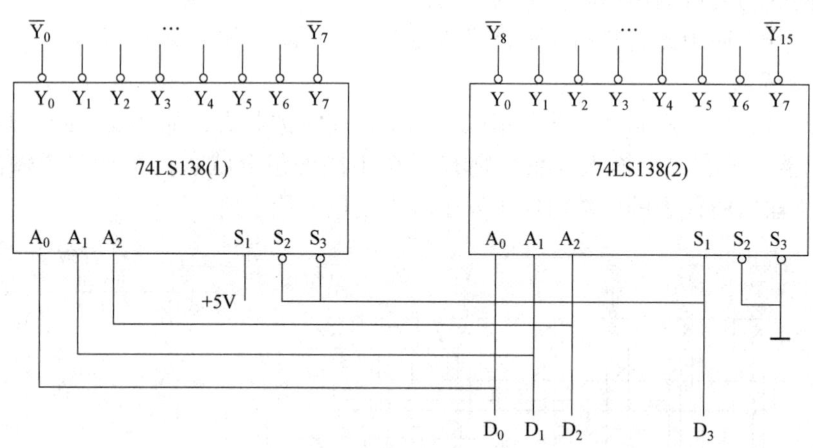

图 3-4-2　用两片 74LS138 组合成 4 线-16 线译码器

2. 显示译码器

（1）LED 数码管

LED 数码管是目前最常用的数字显示器，图 3-4-3a、b 为共阴连接和共阳连接的电路。

一个 LED 数码管可用来显示一位 0~9 十进制数和一个小数点。小型数码管（0. 5 寸和 0. 36 寸）每段发光二极管的正向压降随显示光（通常为红、绿、黄、橙色）的颜色不同略有差别，通常约为 2~2. 5V，每个发光二极管的点亮电流在 5~10mA。LED 数码管要显示

BCD 码所表示的十进制数字就需要有一个专门的译码器，该译码器不但要完成译码功能，还要有相当的驱动能力。

（2）BCD 码七段显示译码器

该类译码器型号有 74LS47（共阳），74LS48（共阴），CC4511（共阴）等，本实验采用 CC4511 BCD 码锁存/七段译码/驱动器，驱动共阴极 LED 数码管。图 3-4-4 为 CC4511 引脚排列图。

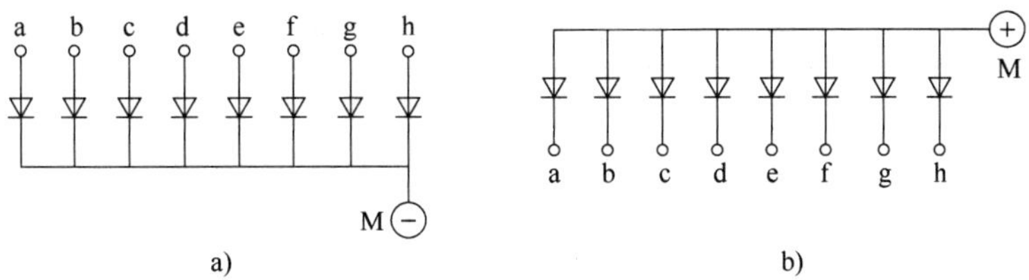

图 3-4-3　LED 数码管

a）共阴连接（“1”电平驱动）　b）共阳连接（“0”电平驱动）

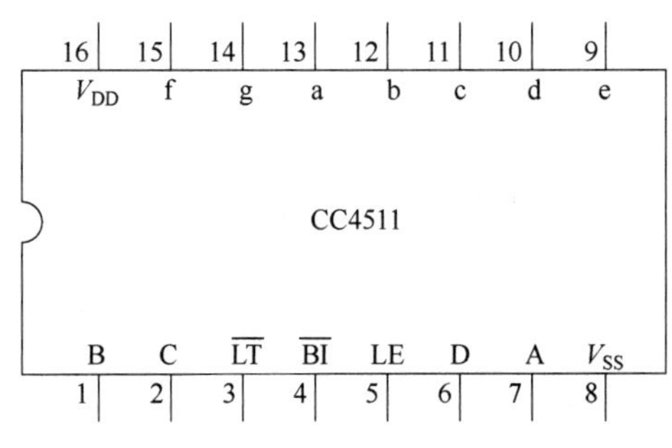

图 3-4-4　CC4511 引脚排列

其中 A、B、C、D 为 BCD 码输入端，a、b、c、d、e、f、g 为译码输出端，输出 1 有效，用来驱动共阴极 LED 数码管。

$\overline{LT}$为测试输入端，$\overline{LT}$=0 时，译码输出全为 1。

$\overline{BI}$为消隐输入端，$\overline{BI}$=0 时，译码输出全为 0。

LE 为锁定端，LE=1 时译码器处于锁定（保持）状态，译码输出保持在 LE=0 时的数值，LE=0 为正常译码。

表 3-4-2 为 CC4511 功能表。CC4511 内接有上拉电阻，故只需在输出端与数码管之间串入限流电阻即可工作。译码器还有拒伪码功能，当输入码超过 1001 时，输出全为 0，数码管熄灭。

表 3-4-2　CC4511 功能表

输　入							输　出							
LE	$\overline{BI}$	$\overline{LT}$	D	C	B	A	a	b	c	d	e	f	g	显示字形
×	×	0	×	×	×	×	1	1	1	1	1	1	1	8
×	0	1	×	×	×	×	0	0	0	0	0	0	0	消隐

（续）

输入							输出							
LE	$\overline{BI}$	$\overline{LT}$	D	C	B	A	a	b	c	d	e	f	g	显示字形
0	1	1	0	0	0	0	1	1	1	1	1	1	0	0
0	1	1	0	0	0	1	0	1	1	0	0	0	0	1
0	1	1	0	0	1	0	1	1	0	1	1	0	1	2
0	1	1	0	0	1	1	1	1	1	1	0	0	1	3
0	1	1	0	1	0	0	0	1	1	0	0	1	1	4
0	1	1	0	1	0	1	1	0	1	1	0	1	1	5
0	1	1	0	1	1	0	0	0	1	1	1	1	1	6
0	1	1	0	1	1	1	1	1	1	0	0	0	0	7
0	1	1	1	0	0	0	1	1	1	1	1	1	1	8
0	1	1	1	0	0	1	1	1	1	0	0	1	1	9
0	1	1	1	0	1	0	0	0	0	0	0	0	0	消隐
0	1	1	1	0	1	1	0	0	0	0	0	0	0	消隐
0	1	1	1	1	0	0	0	0	0	0	0	0	0	消隐
0	1	1	1	1	0	1	0	0	0	0	0	0	0	消隐
0	1	1	1	1	1	0	0	0	0	0	0	0	0	消隐
0	1	1	1	1	1	1	0	0	0	0	0	0	0	消隐
1	1	1	×	×	×	×	锁存							锁存

在该数字电路实验箱上已完成了译码器 CC4511 和数码管 BS202 之间的连接。实验时，只要接通+5V 电源和将十进制数的 BCD 码接至译码器的相应输入端 A、B、C、D 即可显示 0~9 的数字。四位数码管可接受四组 BCD 码输入。CC4511 与 LED 数码管的连接如图 3-4-5 所示。

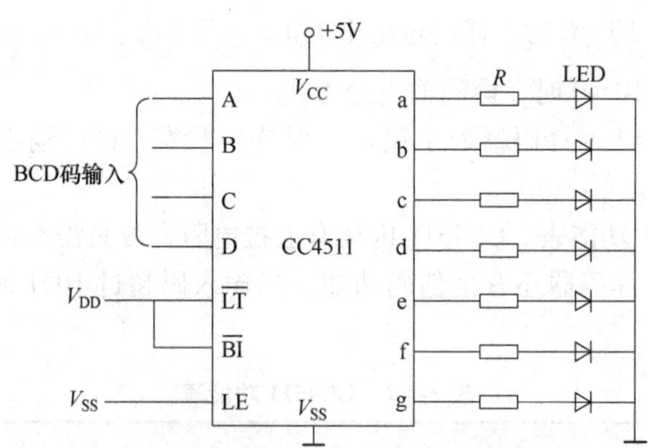

图 3-4-5　CC4511 驱动一位 LED 数码管

四、实验内容和步骤

1. 74LS138 译码器逻辑功能测试

将译码器使能端 S_1、$\overline{S_2}$、$\overline{S_3}$ 及地址端 A_2、A_1、A_0分别接至逻辑电平开关输出口，八个输出端$\overline{Y_7}$ ~ $\overline{Y_0}$ 分别连接在逻辑电平显示器的八个输入口上，拨动逻辑电平开关，按表 3-4-1 要求测试 74LS138 的逻辑功能。

2. 译码器的扩展

将双 3 线-8 线译码器转换为 4 线-16 线译码器。

1）画出转换电路图。

2）在实验箱上接线并验证设计是否正确。

3. 七段显示译码器功能测试

1）按实验箱上的设计把七段显示译码器的 A、B、C、D 四个输入端分别接逻辑电平开关。

2）按表 3-4-3 要求置位，观察输出字形并填表。

表 3-4-3 七段显示译码器功能表

输 入				输 出
D	C	B	A	显示字形
0	0	0	0	
0	0	0	1	
0	0	1	0	
0	0	1	1	
0	1	0	0	
0	1	0	1	
0	1	1	0	
0	1	1	1	
1	0	0	0	
1	0	0	1	

五、实验报告要求

1. 画出实验电路并标上对应的地址码、记录实验结果。
2. 对实验结果进行分析、讨论。

六、注意事项

1. 连接电路或者修改电路时要断电，检查无误后再打开电源。
2. 不要忘记数码管+5V 驱动电源的连接。

七、思考题

1. 译码器及其应用的实验心得。
2. 除了实现译码功能外，译码器还有哪些应用？

实验五　数据选择器及其设计应用

一、实验目的

1. 掌握中规模集成数据选择器的逻辑功能及使用方法。
2. 学习用数据选择器构成组合逻辑电路的方法。

二、实验器材

1. 数字电路实验箱。
2. 74LS151，8 选 1 数据选择器，一片。
3. 74LS153，4 选 1 数据选择器，一片。

三、实验原理

数据选择器又叫“多路开关”。数据选择器在地址码的控制下，从几个输入数据中选择一个并将其送到一个公共的输出端。数据选择器的功能类似一个多路开关，如图 3-5-1 所示，图中有四路数据 $D_0 \sim D_3$，通过选择控制信号 A_1、A_0（地址码）从四路数据中选中某一路数据送至输出端 Q。

数据选择器为目前逻辑设计中应用十分广泛的逻辑器件，有 2 选 1、4 选 1、8 选 1、16 选 1 等类别。

1. 双四选一数据选择器 74LS153

双 4 选 1 数据选择器就是在一块集成芯片上有两个 4 选 1 数据选择器。引脚排列如图 3-5-2所示，功能见表 3-5-1。

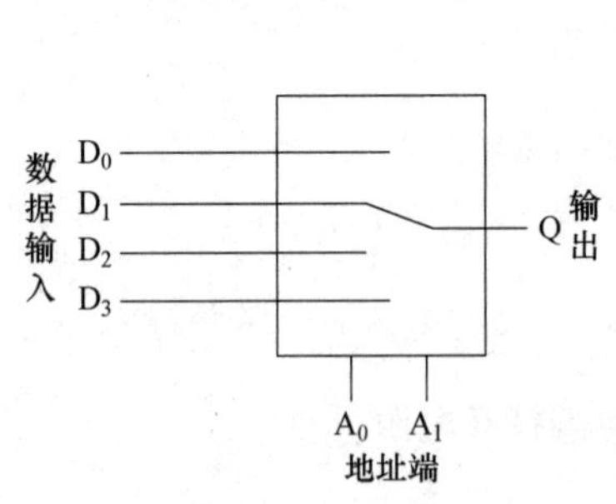

图 3-5-1　4 选 1 数据选择器示意图

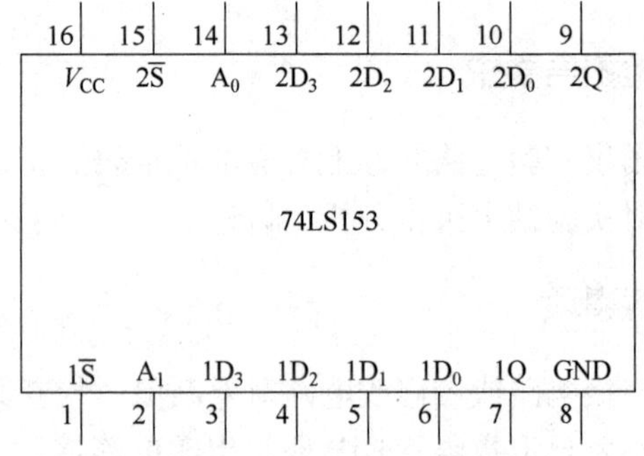

图 3-5-2　74LS153 引脚排列

$1\overline{S}$、$2\overline{S}$为两个独立的使能端；A_1、A_0 为公用的地址输入端；$1D_0 \sim 1D_3$ 和 $2D_0 \sim 2D_3$ 分别为两个 4 选 1 数据选择器的数据输入端；1Q、2Q 为两个输出端。

1）当使能端 $1\overline{S}$（$2\overline{S}$）= 1 时，多路开关被禁止，无输出，Q=0。

表 3-5-1　74LS153 功能表

输　入			输　出
$\overline{S}$	A_1	A_0	Q
1	×	×	0
0	0	0	D_0
0	0	1	D_1
0	1	0	D_2
0	1	1	D_3

2）当使能端 1 $\overline{S}$（2 $\overline{S}$）= 0 时，多路开关正常工作，根据地址码 A_1、A_0 的状态，将相应的数据 $D_0 \sim D_3$ 送到输出端 Q。

如 $A_1A_0=00$，则选择 D_0 数据送到输出端，即 $Q=D_0$。

如 $A_1A_0=01$，则选择 D_1 数据到输出端，即 $Q=D_1$，其余类推。

2. 八选一数据选择器 74LS151

74LS151 为互补输出的 8 选 1 数据选择器，引脚排列如图 3-5-3 所示，表 3-5-2 为其功能表。

表 3-5-2　74LS151 功能表

输　入				输　出	
$\overline{S}$	A_2	A_1	A_0	Q	$\overline{Q}$
1	×	×	×	0	1
0	0	0	0	D_0	$\overline{D_0}$
0	0	0	1	D_1	$\overline{D_1}$
0	0	1	0	D_2	$\overline{D_2}$
0	0	1	1	D_3	$\overline{D_3}$
0	1	0	0	D_4	$\overline{D_4}$
0	1	0	1	D_5	$\overline{D_5}$
0	1	1	0	D_6	$\overline{D_6}$
0	1	1	1	D_7	$\overline{D_7}$

选择控制端（地址端）为 $A_2 \sim A_0$，按二进制译码，从八个输入数据 $D_0 \sim D_7$ 中，选择一个需要的数据送到输出端 Q，$\overline{S}$为使能端，低电平有效。

1）使能端$\overline{S}=1$ 时，不论 $A_2 \sim A_0$ 状态如何，均无输出（$Q=0$，$\overline{Q}=1$），多路开关被禁止。

2）使能端$\overline{S}=0$ 时，多路开关正常工作。

根据地址码 A_2、A_1、A_0 的状态选择 $D_0 \sim D_7$

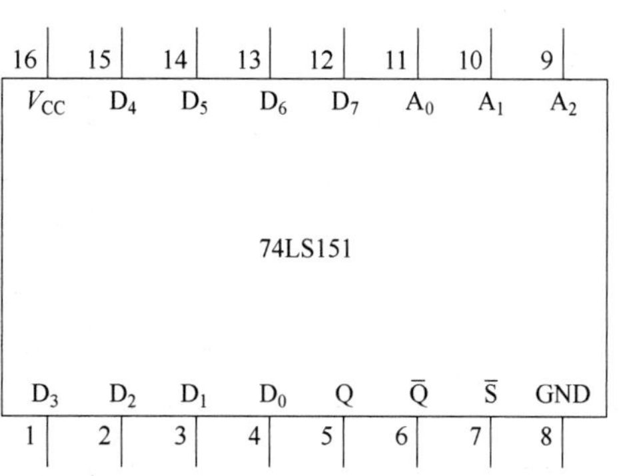

图 3-5-3　74LS151 引脚排列

中某一个通道的数据输送到输出端 Q。

如 $A_2A_1A_0=000$，则选择 D_0 数据送到输出端，即 $Q=D_0$。

如 $A_2A_1A_0=001$，则选择 D_1 数据送到输出端，即 $Q=D_1$，其余类推。

3. 数据选择器的应用——实现逻辑函数

采用 8 选 1 数据选择器 74LS151 可以实现任意三输入变量的组合逻辑函数。

例：用 8 选 1 数据选择器 74LS151 实现函数

$$F=A\overline{B}+\overline{A}C+B\overline{C}$$

做出函数 F 的功能表，见表 3-5-3，将函数 F 功能表与 8 选 1 数据选择器的功能表相比较，可知：将输入变量 C、B、A 作为 8 选 1 数据选择器的地址码 A_2、A_1、A_0，使 8 选 1 数据选择器的各数据输入端 $D_0\sim D_7$ 分别与函数 F 的输出值一一对应。

8 选 1 数据选择器的功能表如下：

$$Q=D_0A_2'A_1'A_0'+D_1A_2'A_1'A_0+D_2A_2'A_1A_0'+\cdots+D_7A_2A_1A_0$$

对应关系即：$A_2A_1A_0=CBA$，$D_0=D_7=0$，$D_1=D_2=D_3=D_4=D_5=D_6=1$

则 8 选 1 数据选择器的输出 Q 便实现了函数 $F=A\overline{B}+\overline{A}C+B\overline{C}$，接线图如图 3-5-4 所示。

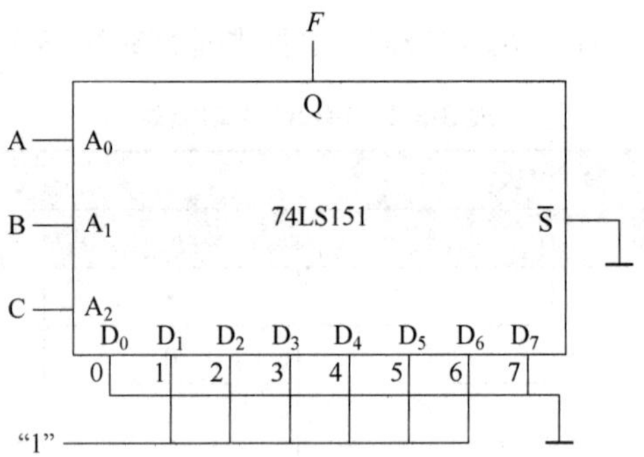

图 3-5-4　8 选 1 数据选择器实现函数 F 接线图

表 3-5-3　函数 F 的功能表

输　入			输　出
C	B	A	F
0	0	0	0
0	0	1	1
0	1	0	1
0	1	1	1
1	0	0	1
1	0	1	1
1	1	0	1
1	1	1	0

显然，采用具有 n 个地址端的数据选择器实现 n 个变量的逻辑函数时，应将函数的输入变量加到数据选择器的地址端（A），选择器的数据输入端（D）按次序以函数 F 输出值来

赋值。

四、实验内容和步骤

1. 测试数据选择器 74LS151 的逻辑功能

按图 3-5-5 接线，地址端 A_2、A_1、A_0，数据端 $D_0 \sim D_7$，使能端$\overline{S}$接逻辑开关，输出端 Q 接逻辑电平显示，按 74LS151 功能表逐项进行测试，记录测试结果。

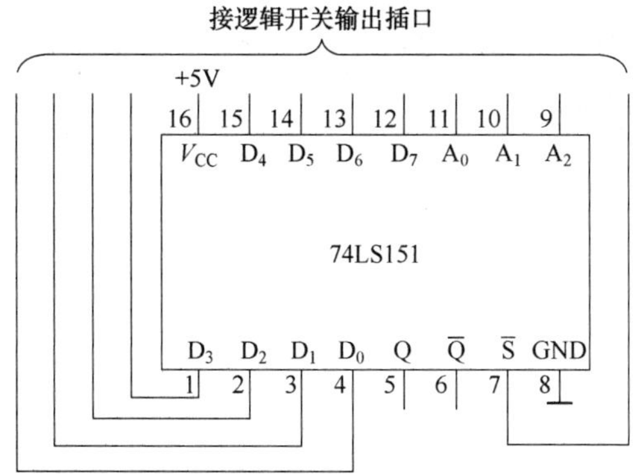

图 3-5-5 74LS151 逻辑功能测试

2. 测试 74LS153 的逻辑功能

测试方法及步骤同上，记录数据。

3. 用 8 选 1 数据选择器 74LS151 设计逻辑函数 $F = A\overline{B} + \overline{A}B$

1）写出设计过程。

2）画出接线图。

3）验证逻辑功能。

五、实验报告要求

1. 用数据选择器对实验内容进行设计、写出设计全过程、画出接线图、进行逻辑功能测试。

2. 总结实验收获与体会。

六、注意事项

1. 实验过程中注意用电安全。

2. 连接电路或者修改电路时要断电。

七、思考题

使用 8 选 1 数据选择器 74LS151 能设计 4 输入变量的函数吗？如何设计？

实验六　触发器逻辑功能测试

一、实验目的

1. 掌握基本 RS、JK、D 触发器构成，工作原理和功能测试方法。
2. 学会正确使用触发器集成芯片。

二、实验器材

1. 数字电路实验箱。
2. 双踪示波器。
3. 74LS112，双 JK 触发器，一片。
4. 74LS00，二输入端四与非门，一片。
5. 74LS74，双 D 触发器，一片。

三、实验原理

触发器具有两个稳定状态，用以表示逻辑状态“1”和“0”，在一定的外界信号作用下，可以从一个稳定状态翻转到另一个稳定状态，它是一个具有记忆功能的二进制信息存储器件，是构成各种时序电路的最基本逻辑单元。

1. 基本 RS 触发器

图 3-6-1 为由两个与非门交叉耦合构成的基本 RS 触发器，它是无时钟控制低电平直接触发的触发器。基本 RS 触发器具有置“0”、置“1”和“保持”三种功能。通常称$\overline{S}$为置“1”端，因为$\overline{S}=0$（$\overline{R}=1$）时触发器被置“1”；$\overline{R}$为置“0”端，因为$\overline{R}=0$（$\overline{S}=1$）时触发器被置“0”，当$\overline{S}=\overline{R}=1$时，状态保持；当$\overline{S}=\overline{R}=0$时，输出同为“1”，此时输入端$\overline{S}$、$\overline{R}$同时由“0”变为“1”，触发器状态不定，应避免此种情况发生。表 3-6-1 为基本 RS 触发器的功能表。

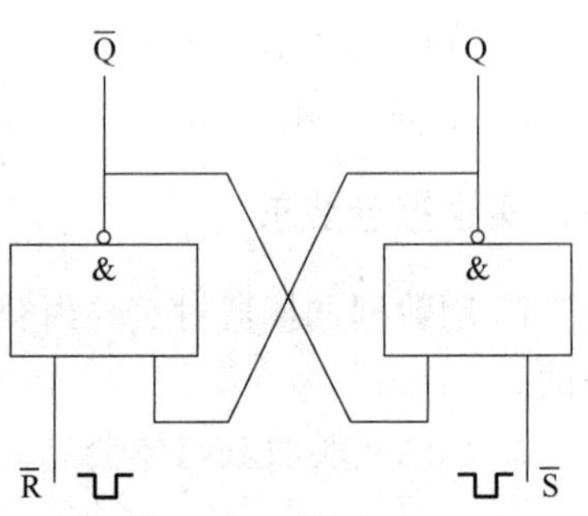

图 3-6-1　基本 RS 触发器

基本 RS 触发器也可以用两个“或非门”组成，此时为高电平触发有效。

表 3-6-1　基本 RS 触发器的功能表

输入		输出	
$\overline{S}$	$\overline{R}$	Q^{n+1}	$\overline{Q}^{n+1}$
0	1	1	0
1	0	0	1
1	1	Q^n	$\overline{Q}^n$
0	0	1（同撤状态不定）	1（同撤状态不定）

2. JK 触发器

在输入信号为双端的情况下，JK 触发器是功能完善、使用灵活和通用性较强的一种触发器。本实验采用 74LS112 双 JK 触发器，是下降沿触发的边沿触发器。

引脚功能及逻辑符号如图 3-6-2 所示。

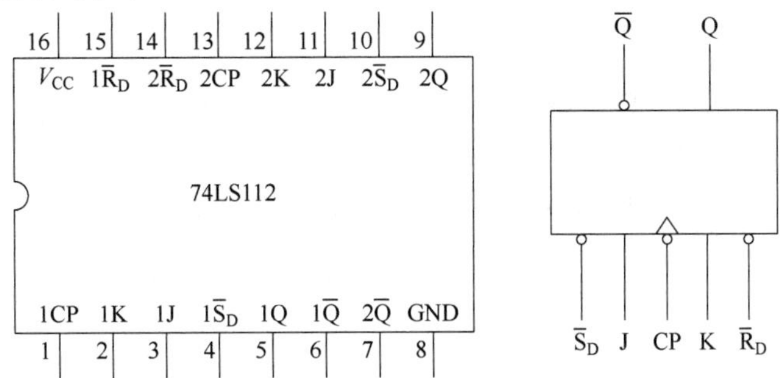

图 3-6-2　74LS112 引脚排列及逻辑符号

JK 触发器的状态方程为

$$Q^{n+1}=J\overline{Q^n}+\overline{K}Q^n$$

J 和 K 是数据输入端，是触发器状态更新的依据，若 J、K 有两个或两个以上输入端时，组成“与”的关系。Q 与 $\overline{Q}$ 为两个互补输出端。下降沿触发 JK 触发器的功能见表 3-6-2。

JK 触发器常被用作缓冲存储器，移位寄存器和计数器。

表 3-6-2　74LS112 功能表

输　入					输　出	
$\overline{S}_D$	$\overline{R}_D$	CP	J	K	Q^{n+1}	$\overline{Q}^{n+1}$
0	1	×	×	×	1	0
1	0	×	×	×	0	1
0	0	×	×	×	ϕ	ϕ
1	1	↓	0	0	Q^n	$\overline{Q}^n$
1	1	↓	1	0	1	0
1	1	↓	0	1	0	1
1	1	↓	1	1	$\overline{Q}^n$	Q^n
1	1	↑	×	×	Q^n	$\overline{Q}^n$

3. D 触发器

在输入信号为单端的情况下，D 触发器用起来最为方便，其状态方程为 $Q^{n+1}=D$，输出状态的更新发生在 CP 脉冲的上升沿，故又称为上升沿触发的边沿触发器，触发器的状态只取决于时钟到来前 D 端的状态，D 触发器的应用很广，可用作数字信号的寄存、移位寄存、分频和波形发生等。有多种型号可供不同用途需求选用。如双 D 触发器 74LS74、四 D 触发器 74LS175、六 D 触发器 74LS174 等。

图 3-6-3 为双 D 触发器 74LS74 的引脚排列及逻辑符号。功能见表 3-6-3。

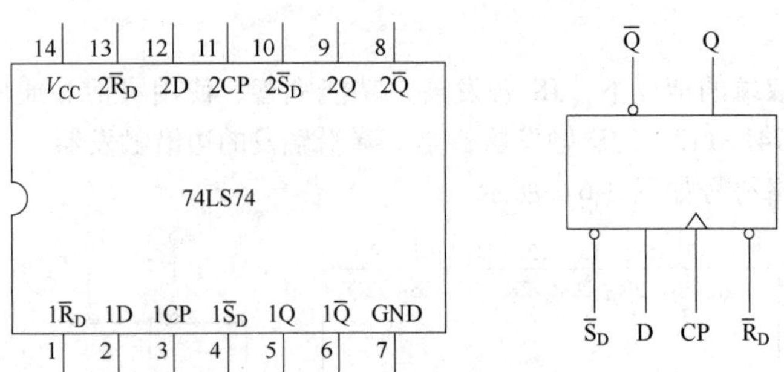

图 3-6-3 74LS74 引脚排列及逻辑符号

表 3-6-3 74LS74 功能表

输 入				输 出	
$\overline{S}_D$	$\overline{R}_D$	CP	D	Q^{n+1}	$\overline{Q}^{n+1}$
0	1	×	×	1	0
1	0	×	×	0	1
0	0	×	×	ϕ	ϕ
1	1	↑	1	1	0
1	1	↑	0	0	1
1	1	↓	×	Q^n	$\overline{Q}^n$

四、实验内容和步骤

1. 测试基本 RS 触发器的逻辑功能

按图 3-6-1，用两个与非门组成基本 RS 触发器，输入端$\overline{R}$、$\overline{S}$接逻辑开关的输出插口，输出端 Q、$\overline{Q}$接逻辑电平显示输入插口，按表 3-6-4 要求测试并记录。

表 3-6-4 基本 RS 触发器的逻辑功能测试

$\overline{R}$	$\overline{S}$	Q	$\overline{Q}$
1	1→0		
	0→1		
1→0	1		
0→1			
0	0		

2. 测试双 JK 触发器 74LS112 逻辑功能

（1）测试$\overline{R_D}$、$\overline{S_D}$的复位、置位功能

任取一只 JK 触发器，$\overline{R_D}$、$\overline{S_D}$、J、K 端接逻辑开关输出插口，CP 端接单次脉冲源，Q、$\overline{Q}$端接至逻辑电平显示输入插口。要求改变$\overline{R_D}$、$\overline{S_D}$（J、K、CP 处于任意状态），并在$\overline{R_D}=0$（$\overline{S_D}=1$）或$\overline{S_D}=0$（$\overline{R_D}=1$）作用期间任意改变 J、K 及 CP 的状态，观察 Q、$\overline{Q}$状态。自拟表

格并记录。

（2）测试 JK 触发器的逻辑功能

按表 3-6-5 的要求改变 J、K、CP 端状态，观察 Q、$\overline{Q}$状态变化，观察触发器状态更新是否发生在 CP 脉冲的下降沿（即 CP 由 1→0）并记录。

表 3-6-5　JK 触发器的逻辑功能测试

J	K	CP	Q^{n+1}	
			$Q^n=0$	$Q^n=1$
0	0	0→1		
		1→0		
0	1	0→1		
		1→0		
1	0	0→1		
		1→0		
1	1	0→1		
		1→0		

3. 测试双 D 触发器 74LS74 的逻辑功能

（1）测试$\overline{R_D}$、$\overline{S_D}$的复位、置位功能

测试方法同双 JK 触发器 74LS112，自拟表格并记录。

（2）测试 D 触发器的逻辑功能

按表 3-6-6 要求进行测试，并观察触发器状态更新是否发生在 CP 脉冲的上升沿（即由0→1）并记录。

表 3-6-6　D 触发器的逻辑功能测试

D	CP	Q^{n+1}	
		$Q^n=0$	$Q^n=1$
0	0→1		
	1→0		
1	0→1		
	1→0		

五、实验报告要求

1. 列表整理各类触发器的逻辑功能，说明触发器的触发方式。
2. 测试并填写表 3-6-4、表 3-6-5、表 3-6-6 的内容。

六、注意事项

1. 注意不同触发器的触发方式区别，选择合适的单次脉冲源。
2. 电路连接完成，检查无误后再打开电源。

七、思考题

利用普通机械开关组成的数据开关所产生的信号是否可作为触发器的时钟脉冲信号？为什么？是否可以用作触发器的其他输入端的信号？为什么？

实验七　触发器的应用

一、实验目的

1. 学会用常用的触发器转换成其他各种功能的触发器。
2. 熟悉和了解触发器的各种应用电路。

二、实验器材

1. 数字电路实验箱。
2. 双踪示波器。
3. 74LS112，双 JK 触发器，一片。
4. 74LS00，二输入端四与非门，一片。
5. 74LS74，双 D 触发器，一片。

三、实验原理

在集成触发器的产品中，每一种触发器都有自己固定的逻辑功能，但可以利用转换的方法获得具有其他功能的触发器。触发器转换原理示意图如图 3-7-1 所示。

转换步骤为：

1）写出已有、待求触发器的特性方程。

2）将待求触发器的特性方程变为与已有触发器的特性方程一致。

3）比较两个特性方程，求出转换逻辑。

4）画出电路图。

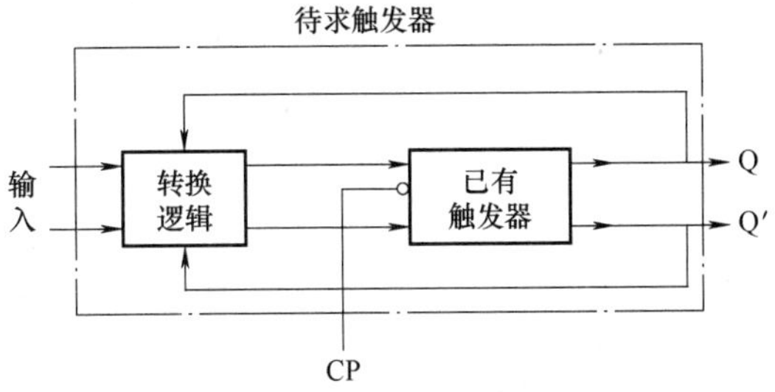

图 3-7-1　触发器转换原理示意图

四、实验内容和步骤

1. 触发器的转换

(1) 把 D 触发器转换成 JK 触发器

要求：把 D 触发器 74LS74 转换成 JK 触发器。自行设计转换电路，画出转换电路图，完成电路接线，并检测电路的功能是否满足设计的要求。

(2) JK 触发器转换成 LG 触发器

LG 触发器的功能表见表 3-7-1。试用 74LS112 JK 触发器转换成 LG 触发器。要求：自行设计转换电路，画出转换电路图，完成电路接线，并用点动脉冲检测转换后电路的功能是否和给定的功能表相一致。

表 3-7-1　LG 触发器的功能表

Q^n	L	G	Q^{n+1}
0	0	0	0
0	0	1	0
0	1	0	0
0	1	1	1
1	0	0	1
1	0	1	1
1	1	0	0
1	1	1	1

（3）将 JK 触发器的 J、K 端连在一起，构成 T 触发器

在 CP 端输入 1Hz 连续脉冲，观察 Q 端的变化。在 CP 端输入 1kHz 连续脉冲，用双踪示波器观察 CP、Q、$\overline{Q}$ 端波形，注意相位关系，描绘波形。

2. 双相时钟脉冲电路

用 JK 触发器及与非门构成的双相时钟脉冲电路如图 3-7-2 所示，此电路是用来将时钟脉冲 CP 转换成两相时钟脉冲 CP_A 及 CP_B，其频率相同、相位不同。

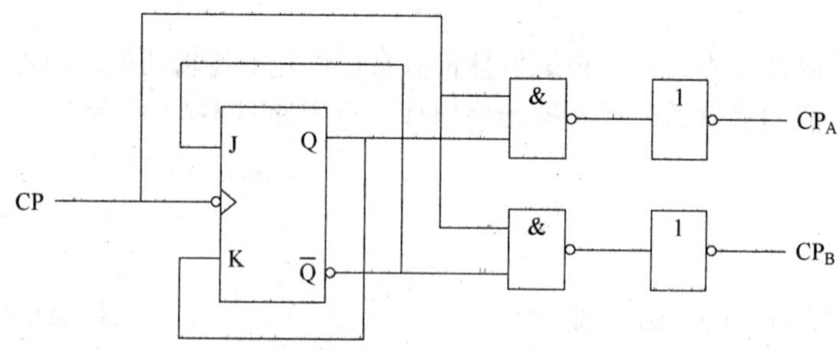

图 3-7-2　双相时钟脉冲电路

分析电路工作原理，按图 3-7-2 接线，用双踪示波器同时观察并画出 CP、CP_A，CP、CP_B 及 CP_A、CP_B 波形。

3. 乒乓球练习电路

电路功能要求：模拟两名运动员在练球，乒乓球的往返运动。

提示：采用双 D 触发器 74LS74 设计实验线路，两个 CP 端触发脉冲分别由两名运动员操作，两触发器的输出状态用逻辑电平显示器显示。

五、实验报告要求

1. 写出转换逻辑方程，画出转换电路与连线图。
2. 画出波形图，并描述各波形的关系。

六、注意事项

1. 正确使用触发器，注意不同触发器的触发方式。

2. 注意每个芯片电源、地线的连接，检查连线无误后方可通电测试。

七、思考题

1. 现有的集成触发器产品都有哪些类型?
2. 触发器逻辑功能转换后其触发方式是否发生改变?

实验八　时序电路功能分析及研究

一、实验目的

1. 掌握常用时序电路分析及测试方法。
2. 训练独立进行实验的技能。

二、实验器材

1. 数字电路实验箱。
2. 74LS73，双 JK 触发器，两片。
3. 74LS00，二输入端四与非门，一片。

三、实验原理

时序逻辑电路不同于组合逻辑电路。在时序逻辑电路中，任一时刻的输出信号不仅取决于当时的输入信号，而且还取决于电路原来的状态，与之前的输入有关。其电路结构由组合电路和储存电路两部分组成，如图 3-8-1 所示。

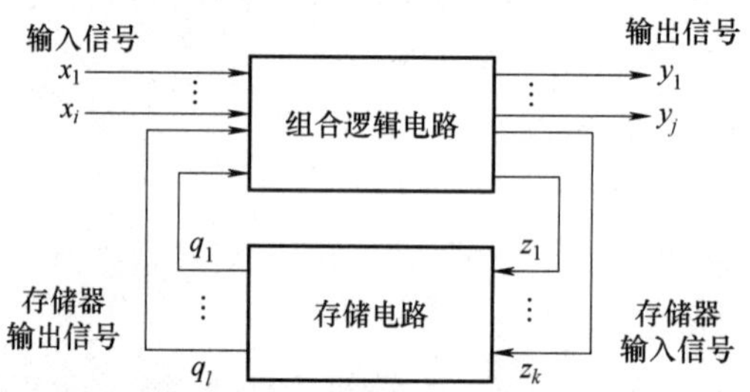

图 3-8-1　时序逻辑电路的结构框图

时序逻辑电路又分为同步时序逻辑电路和异步时序逻辑电路。在同步时序电路中，所有触发器的时钟输入端 CP 均连在一起，即存储电路的状态转换是在同一时钟控制下同步进行。而在异步时序电路中，所有触发器的时钟输入端不是由同一时钟信号控制，即存储电路没有统一的时钟触发，存储电路状态转换不是同时发生的。

时序逻辑电路的一般分析方法为：

1）根据逻辑电路图列出驱动方程、状态方程及输出方程。

2）根据方程列出状态转换表，并画出相应的状态转换图和波形图。

3）说明电路的逻辑功能。

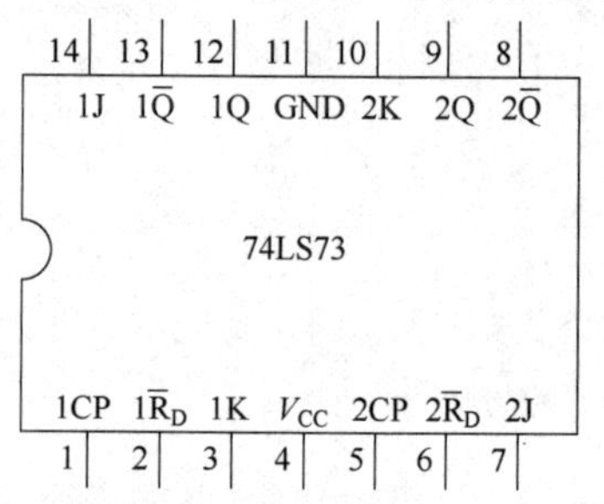

图 3-8-2　74LS73 引脚图

实验过程中所用芯片双 JK 触发器 74LS73 引脚图如图3-8-2

所示。

四、实验内容和步骤

1. 同步时序电路功能测试

1）按图 3-8-3 所示连线，CP 端接单次脉冲，三个输出端 Q_1、Q_2 和 Q_3 分别接发光二极管显示。

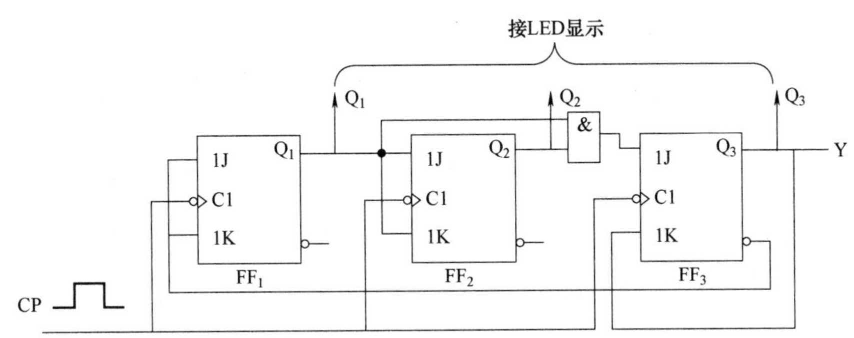

图 3-8-3　同步时序电路

2）接通电源，测试该同步时序电路的逻辑功能，将 Q_1、Q_2、Q_3 和 Y 端状态记录到状态转换表中，自拟表格，并画出逻辑状态转换图。

2. 异步二进制计数器

1）按图 3-8-4 所示接线。Q_1、Q_2、Q_3 和 Q_4 四个输出端分别接发光二极管显示，CP 端接单次脉冲。

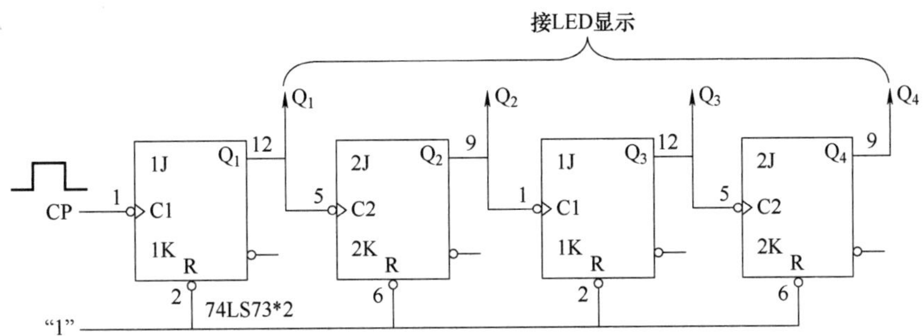

图 3-8-4　异步二进制计数器

2）将 Q_1、Q_2、Q_3 和 Q_4 端状态记录到状态转换表中，画出状态转换图。

3）试将异步二进制加法计数改为减法计数，设计并画出逻辑电路图，参考加法计数器要求进行实验，并记录测试结果。

3. 异步二–十进制加法计数器

1）按图 3-8-5 所示接线。Q_A、Q_B、Q_C 和 Q_D 四个输出端分别接发光二极管显示，CP 端接连续脉冲或单次脉冲。

2）观察 CP、Q_A、Q_B、Q_C 和 Q_D 的状态变化，并记录到状态转换表中，画出状态转换图。

3）画出 CP、Q_A、Q_B、Q_C 和 Q_D 的波形图。

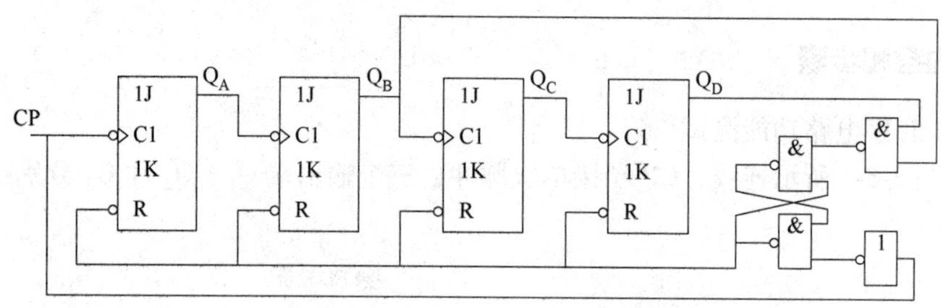

图 3-8-5　异步二-十进制加法计数器

五、实验报告要求

1. 按照实验内容中的具体要求记录数据，并画出状态转换图。
2. 总结时序逻辑电路特点。

六、注意事项

1. 正确使用触发器，注意不同触发器的触发方式。
2. 注意触发器异步置“0”、置“1”端的使用。

七、思考题

1. 组合逻辑电路和时序逻辑电路在逻辑功能与电路结构上有何区别？
2. 同步时序电路和异步时序电路有何不同？

实验九　寄存器及其应用

一、实验目的

1. 熟悉数码寄存器、移位寄存器的电路结构和工作原理。
2. 掌握中规模四位双向移位寄存器的逻辑功能及使用方法。

二、实验器材

1. 数字电路实验箱。
2. 74LS00，二输入端四与非门，一片。
3. 74LS175，四 D 触发器，一片。
4. 74LS194，四位双向移位寄存器，两片。

三、实验原理

寄存器是用来暂时存放参与运算的数据和运算结果的一种常用时序逻辑电路，按寄存器的功能特点可分为数码寄存器和移位寄存器两类。数码寄存器只有寄存代码的功能，而移位寄存器不仅具有存储代码的功能，还具有移位功能，即是指寄存器里存储的代码能在移位脉冲的作用下依次左移或右移。移位寄存器应用很广泛，可以用来存储数码、数据移位、进行数据的运算处理、构成环形计数器及实现串并行转换等。移位寄存器分为单向移位寄存器和双向移位寄存器。

1. 单向移位寄存器

单向移位寄存器可以由 JK 触发器或 D 触发器级联构成，图 3-9-1 是由四个 D 触发器组成的四位右移寄存器。从图中可以看出，所有触发器的时钟输入端连在一起，由一个移位时钟脉冲 CP 控制。从左至右每个触发器的输出端都接到下一个触发器的输入端，只有 FF_0 的输入端接输入信号 D_I，寄存的数码在此逐位移入，实现触发器的状态依次移入右侧相邻的触发器中。

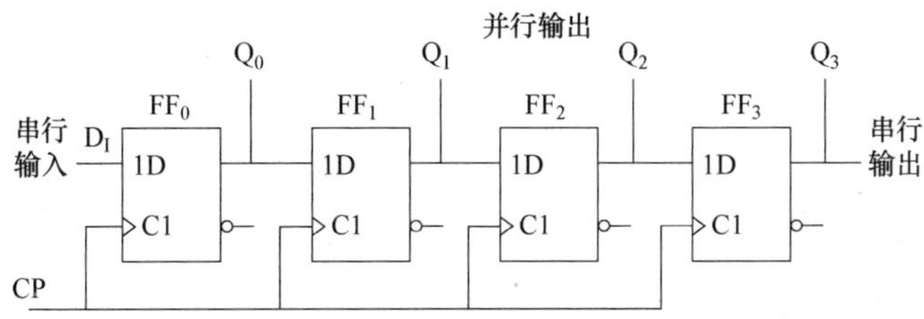

图 3-9-1　由四个 D 触发器组成的四位右移寄存器

取出数码的方式有串行和并行两种。如果将串行码转换成并行码，只要从四个触发器的 Q 端并行输出数码 $Q_3Q_2Q_1Q_0$ 即可。否则在 FF_3 的 Q_3 端串行输出数码，只需再经过四个移位时钟脉冲，数码便可按高位到低位依次串行移出。

2. 双向移位寄存器

双向移位寄存器可以实现数据的左移和右移功能，其应用十分灵活。常用的中规模四位双向移位寄存器型号为 74LS194 或 CD40194，两者功能相同，其逻辑符号及引脚排列如图 3-9-2 所示。

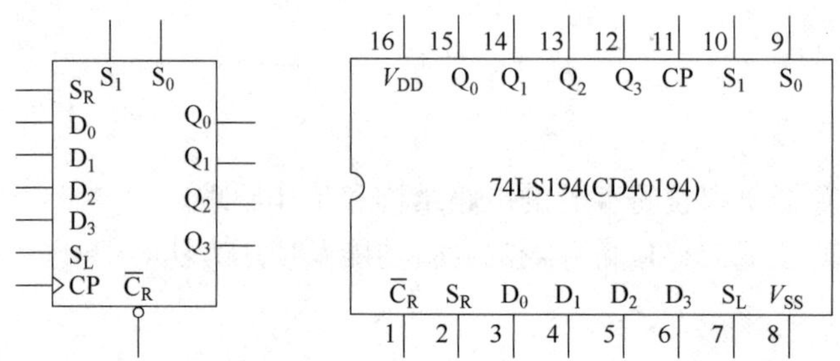

图 3-9-2 74LS194（CD40194）**逻辑符号及引脚排列**

其中，D_0、D_1、D_2、D_3 为并行输入端，Q_0、Q_1、Q_2、Q_3 为并行输出端，S_R 为右移串行输入端，S_L 为左移串行输入端，S_1、S_0 为操作模式控制端，$\overline{C}_R$ 为异步清零端，CP 为时钟脉冲输入端。74LS194（CD40194）有五种不同操作模式：并行送数寄存、右移（方向由 $Q_0 \to Q_3$）、左移（方向由 $Q_3 \to Q_0$）、保持及清零。74LS194（CD40194）功能表见表 3-9-1。

表 3-9-1 74LS194（CD40194）**功能表**

功能	输入										输出			
	CP	$\overline{C}_R$	S_1	S_0	S_R	S_L	D_0	D_1	D_2	D_3	Q_0	Q_1	Q_2	Q_3
清除	×	0	×	×	×	×	×	×	×	×	0	0	0	0
置数	↑	1	1	1	×	×	d_0	d_1	d_2	d_3	d_0	d_1	d_2	d_3
右移	↑	1	0	1	D_{SR}	×	×	×	×	×	D_{SR}	Q_0^n	Q_1^n	Q_2^n
左移	↑	1	1	0	×	D_{SL}	×	×	×	×	Q_1^n	Q_2^n	Q_3^n	D_{SL}
保持	↑	1	0	0	×	×	×	×	×	×	Q_0^n	Q_1^n	Q_2^n	Q_3^n
保持	↓	1	×	×	×	×	×	×	×	×	Q_0^n	Q_1^n	Q_2^n	Q_3^n

由表 3-9-1 可见，74LS194 具有如下功能：

1）清零功能：$\overline{C}_R$ 为异步清零端，当 $\overline{C}_R=0$ 时，无论其他输入端为何状态，都使 $Q_0Q_1Q_2Q_3=0000$。

2）置数功能：S_1、S_0 是两个控制端，可取得四种控制信号（$S_1S_0=00$、01、10、11）。当 $\overline{C}_R=1$，$S_1S_0=11$ 时，在 CP 上升沿作用下，使 $D_0 \sim D_3$ 端输入的数码 $d_0 \sim d_3$ 并行送入寄存器，即寄存器并行置数，$Q_0Q_1Q_2Q_3=d_0d_1d_2d_3$。

3）右移功能：当 $\overline{C}_R=1$，$S_1S_0=01$ 时，在 CP 上升沿作用下，$Q_1=Q_0^n$、$Q_2=Q_1^n$、$Q_3=Q_2^n$，寄存器向右移位。

4）左移功能：当 $\overline{C}_R=1$，$S_1S_0=10$ 时，在 CP 上升沿作用下，$Q_0=Q_1^n$、$Q_1=Q_2^n$、$Q_2=Q_3^n$，寄存器向左移位。

5）保持功能：当$\overline{C}_R=1$，$S_1S_0=00$ 时，无论其他输入端为何状态，寄存器都保持原态不变。

四、实验内容和步骤

1. 用74LS175组成右移移位寄存器

芯片74LS175内部具有四个独立的D触发器，其引脚排列如图3-9-3所示，使用74LS175可以直接构成右移四位移位寄存器，如图3-9-4所示。

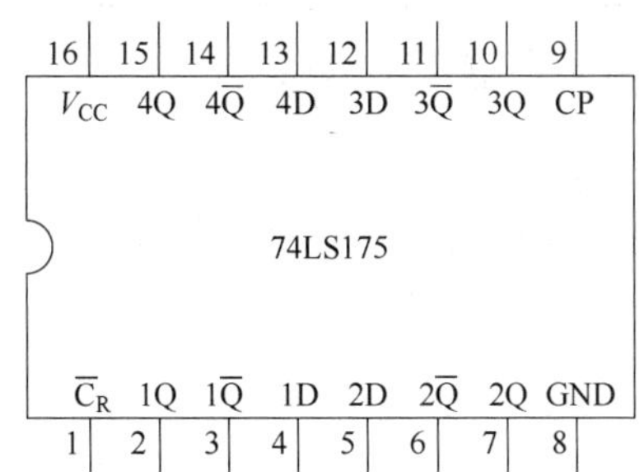

图3-9-3　74LS175引脚排列

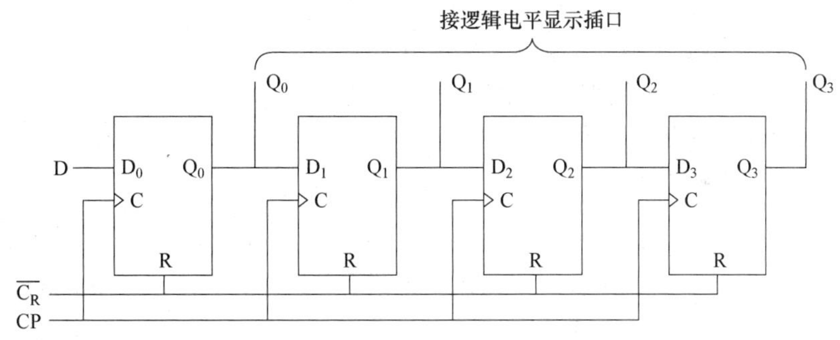

图3-9-4　右移四位移位寄存器

1）按图3-9-4接线，Q_0、Q_1、Q_2、Q_3 四个输出端分别接至发光二极管显示，CP接单次脉冲。

2）接通+5V电源，首先令$\overline{C}_R=0$，再将$\overline{C}_R$ 置于高电平（即给出一个低电平信号清零），其他输入均为任意态，记录 Q_0、Q_1、Q_2、Q_3 输出端的状态，填入表3-9-2中。

3）D端依次送入二进制数码1010，同时CP端加四个脉冲信号，观察 Q_0、Q_1、Q_2、Q_3 输出端的状态，填入表3-9-2中。

4）CP端再加四个脉冲信号，观察 Q_3 输出端的状态变化，实现数据的串行输出，并记录串行输出结果。

表3-9-2　右移四位寄存器功能测试

现　态	清零信号	数码输入	移位脉冲	次　态
Q_0^n Q_1^n Q_2^n Q_3^n	$\overline{C}_R$	D	CP	$Q_0^{n+1}Q_1^{n+1}Q_2^{n+1}Q_3^{n+1}$

（续）

现　　态	清零信号	数码输入	移位脉冲	次　　态
× × × ×	0	×	×	
0 0 0 0	1	1	↑	
1 0 0 0	1	0	↑	
0 1 0 0	1	1	↑	
1 0 1 0	1	0	↑	

2. 测试74LS194（或CD40194）的逻辑功能

按图3-9-5接线，$\overline{C}_R$、S_1、S_0、S_L、S_R、D_0、D_1、D_2、D_3分别接至逻辑开关的输出插口；Q_0、Q_1、Q_2、Q_3接至逻辑电平显示输入插口；CP端接单次脉冲源。按表3-9-3所规定的输入状态，逐项进行测试，并记录输出结果。

1）清除：令$\overline{C}_R=0$，其他输入均为任意态，观察此时Q_0、Q_1、Q_2、Q_3输出端状态，并记录在表3-9-3中。清除后，置$\overline{C}_R=1$。

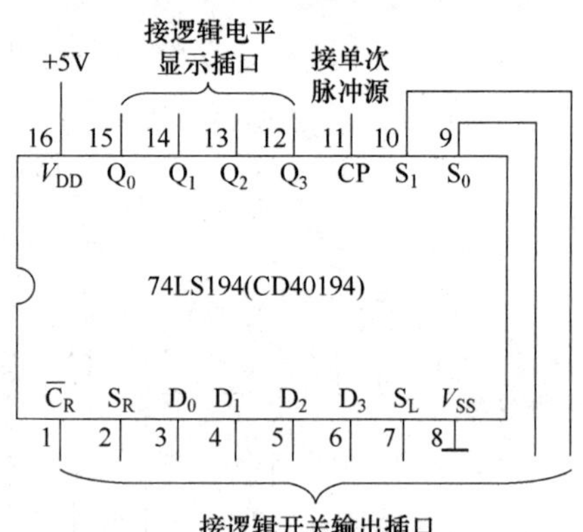

图3-9-5　74LS194（CD40194）**逻辑功能测试**

2）置数：令$\overline{C}_R=S_1=S_0=1$，送入任意四位二进制数，如$D_0D_1D_2D_3=abcd$，加CP脉冲，观察CP=0、CP由0→1、CP由1→0三种情况下寄存器输出状态的变化，观察寄存器输出状态变化是否发生在CP脉冲的上升沿，记录输出结果。

3）右移：先清零，再令$\overline{C}_R=1$，$S_1=0$，$S_0=1$，由右移输入端S_R送入二进制数码，如0110，由CP端连续加四个脉冲，观察输出端情况并记录。

4）左移：先清零，再令$\overline{C}_R=1$，$S_1=1$，$S_0=0$，由左移输入端S_L送入二进制数码，如1001，连续加四个CP脉冲，观察输出端情况并记录。

5）保持：寄存器置入任意四位二进制数码abcd，令$\overline{C}_R=1$，$S_1=S_0=0$，加CP脉冲，观察寄存器输出状态，并记录在表3-9-3中。

表3-9-3　74LS194（CD40194）**逻辑功能测试**

清　除	模　式		时　钟	串　行		输　入	输　出	功能总结
$\overline{C}_R$	S_1	S_0	CP	S_L	S_R	D_0 D_1 D_2 D_3	Q_0 Q_1 Q_2 Q_3	
0	×	×	×	×	×	× × × ×		
1	1	1	↑	×	×	a b c d		
1	0	1	↑	×	0	× × × ×		
1	0	1	↑	×	1	× × × ×		
1	0	1	↑	×	1	× × × ×		
1	0	1	↑	×	0	× × × ×		

（续）

清　除	模　式		时　钟	串　行		输　入	输　出	功能总结
$\overline{C}_R$	S_1	S_0	CP	S_L	S_R	D_0 D_1 D_2 D_3	Q_0 Q_1 Q_2 Q_3	
1	1	0	↑	1	×	× × × ×		
1	1	0	↑	0	×	× × × ×		
1	1	0	↑	0	×	× × × ×		
1	1	0	↑	1	×	× × × ×		
1	0	0	↑	×	×	× × × ×		

3. 自循环移位寄存器——环形计数器

把移位寄存器的输出反馈到它的串行输入端，就可以进行循环移位，如图 3-9-6 所示，把输出端 Q_3 和右移串行输入端 S_R 相连接，设初始状态 $Q_0Q_1Q_2Q_3$ = 1000，则在时钟脉冲作用下 $Q_0Q_1Q_2Q_3$ 将依次变为 0100→0010→0001→1000→0100→……，依次循环。可见它是一个具有四个有效状态的计数器，这种类型的计数器通常称为环形计数器。

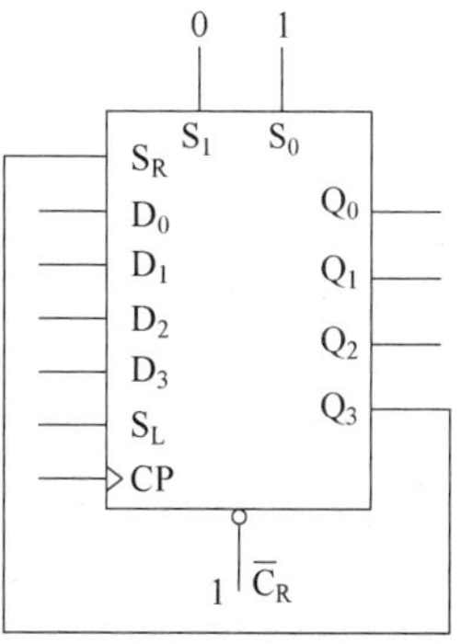

图 3-9-6　环形计数器

1）按图 3-9-6 接线，将 $Q_0Q_1Q_2Q_3$ 置为 1000，用单次脉冲计数，记录各触发器状态变化。

2）将 $Q_0Q_1Q_2Q_3$ 依次置为 1100、1110、1111、0000（模拟干扰信号作用的结果），将所有结果记录为状态转换图，观察计数器能否正常工作，即从无效状态自动进入到有效状态循环中，并分析原因。

4. 自行设计电路

用两片 74LS194 接成多位双向移位寄存器，并连接电路验证。

五、实验报告要求

1. 按照实验内容中的具体要求进行测试，并填写表 3-9-2、表 3-9-3。
2. 画出四位环形计数器的状态转换图及波形图。
3. 设计并画出多位双向移位寄存器电路图，并连线测试其功能。

六、注意事项

1. 寄存器串行输入端送入数据时，要与时钟信号保持同步，先送入数据，再加 CP 脉冲。
2. 实验过程中要先熟悉所用芯片的引脚及逻辑功能，再连接线路通电测试。

七、思考题

1. 使寄存器清零，除采用 $\overline{C}_R$ 输入低电平外，可否采用右移或左移的方法？可否使用并行送数法？若可行，如何进行操作？
2. 若进行左移循环移位，图 3-9-6 接线应如何改接？

实验十　任意进制计数器的设计

一、实验目的

1. 熟悉常用中规模集成计数器逻辑功能。
2. 掌握用集成计数器实现任意计数的设计方法。

二、实验器材

1. 数字电路实验箱。
2. 74LS90，十进制计数器，两片。
3. 74LS00，二输入端四与非门，一片。

三、实验原理

计数器是一个用以实现计数功能的时序器件。它不仅可用作脉冲计数，还常用作数字系统的定时、分频、执行数字运算以及其他特定的逻辑功能。

根据构成计数器的各触发器是否用一个时钟脉冲源，可分为同步计数器和异步计数器，本实验中用到的74LS90是常用的二-五-十进制异步计数器，其逻辑图及引脚排列如图3-10-1所示。

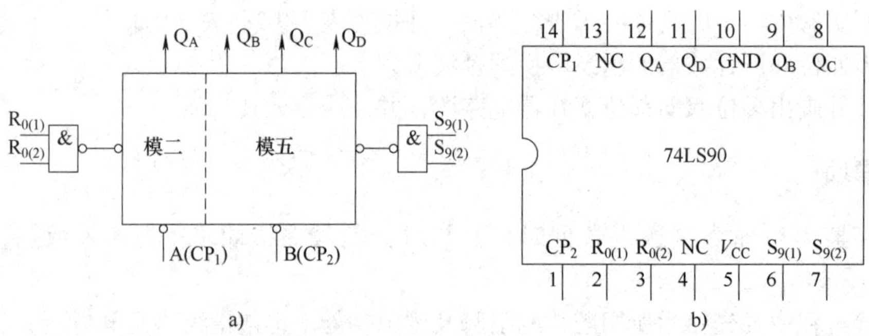

图 3-10-1　74LS90 逻辑图及引脚排列

74LS90既可以作二进制加法计数器，又可以作五进制和十进制加法计数器。表3-10-1为功能表。通过不同的连接方式，一片74LS90可以接成以下四种计数器：

1）计数脉冲从 CP_1 输入，Q_A 作为输出端时，为二进制计数器。

2）计数脉冲从 CP_2 输入，$Q_DQ_CQ_B$ 作为输出端时，为异步五进制加法计数器。

3）CP_2 与 Q_A 相连，计数脉冲从 CP_1 输入，$Q_DQ_CQ_BQ_A$ 作为输出端时，则构成异步 8421 码十进制加法计数器。

4）CP_1 与 Q_D 相连，计数脉冲从 CP_2 输入，$Q_AQ_DQ_CQ_B$ 作为输出端时，则构成异步 5421 码十进制加法计数器。

74LS90 还具有清零［$R_{0(1)} \cdot R_{0(2)} = 1$］和置 9［$S_{9(1)} \cdot S_{9(2)} = 1$］功能，从而为实现任意进制计数器提供了置零和置数两种方法。

由于一个十进制计数器只能表示 0~9 十个数，为了扩大计数器范围，常用多个计数器的级联来实现任意进制计数器，级联可以采用置零和置数两种方法。

表 3-10-1　74LS90 功能表

输入						输出				功能
清 0		置 9		时钟						
$R_{0(1)}$、	$R_{0(2)}$	$S_{9(1)}$、	$S_{9(2)}$	CP_1	CP_2	Q_D	Q_C	Q_B	Q_A	
1	1	0	×	×	×	0	0	0	0	清　0
0	×	1	1	×	×	1	0	0	1	置　9
0 ×	× 0	0 ×	× 0	↓	1	Q_A 输出				二进制计数
				1	↓	$Q_DQ_CQ_B$ 输出				五进制计数
				↓	Q_A	$Q_DQ_CQ_BQ_A$ 输出				十进制计数
				Q_D	↓	$Q_AQ_DQ_CQ_B$ 输出				十进制计数
				1	1	不变				保持

四、实验内容和步骤

1. 集成计数器 74LS90 功能测试

1）参照图 3-10-1 所示的 74LS90 逻辑图，Q_A、Q_B、Q_C 和 Q_D 四个输出端分别接发光二极管显示，按表 3-10-2 中的状态设置进行清零、置 9 功能测试，并将结果填入表 3-10-2 中。

表 3-10-2　74LS90 清零、置 9 功能测试

$R_{0(1)}$	$R_{0(2)}$	$S_{9(1)}$	$S_{9(2)}$	Q_D	Q_C	Q_B	Q_A
1	1	0	×				
1	1	×	0				
0	×	1	1				
×	0	1	1				

2）按图 3-10-2a 所示将 74LS90 接为十进制计数器，Q_A、Q_B、Q_C 和 Q_D 四个输出端分别接发光二极管显示，CP 接单次脉冲，并将结果记录到表 3-10-3 中。

3）按图 3-10-2b 所示将 74LS90 接为二-五混合进制计数器，Q_A、Q_B、Q_C 和 Q_D 四个输出端分别接发光二极管显示，CP 接单次脉冲，并将结果记录到表 3-10-4 中。

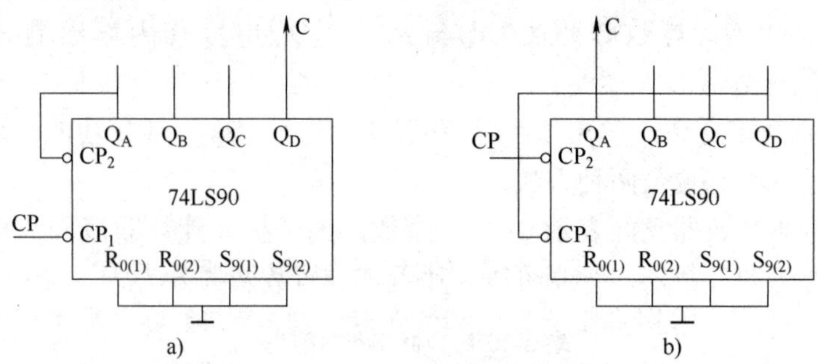

图 3-10-2　74LS90 接成的两种计数器

a）十进制　b）二-五混合进制

表 3-10-3　十进制

计　数	输　出			
	Q_D	Q_C	Q_B	Q_A
0				
1				
2				
3				
4				
5				
6				
7				
8				
9				

表 3-10-4　二-五混合进制

计　数	输　出			
	Q_A	Q_D	Q_C	Q_B
0				
1				
2				
3				
4				
5				
6				
7				
8				
9				

2. 任意进制计数器

采用 74LS90 可组成任意进制计数器。

1）七进制计数器。图 3-10-3 是用 74LS90 实现七进制计数器的两种方案，图 3-10-3a 采用置零法，即计数器到 M 异步清零；图 3-10-3b 采用置数法，即计数器到 M−1 异步置 9。Q_A、Q_B、Q_C 和 Q_D 四个输出端分别接发光二极管显示，CP 接单次脉冲。将测试结果以状态转换图形式记录。

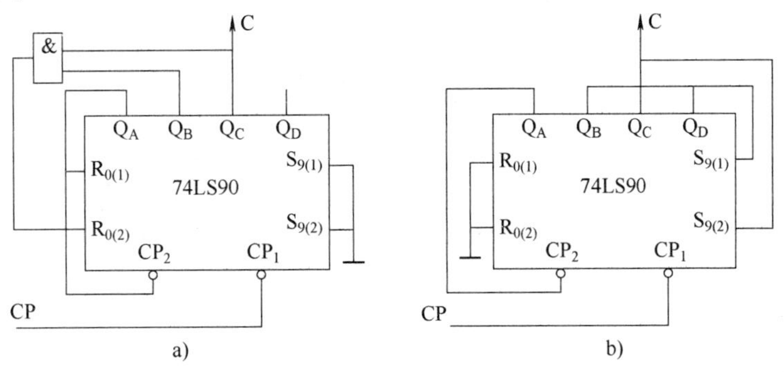

图 3-10-3　七进制计数器

a）置零法　b）置数法

2）四十五进制计数器。当实现十以上进制的计数器时可将多片级联使用。图 3-10-4 是使用两片 74LS90 接成的四十五进制计数器，输出为 BCD 码。按图 3-10-4 连线，是四十五进制计数的一种方案。Q_A、Q_B、Q_C 和 Q_D 四个输出端分别接发光二极管显示，CP 接单次脉冲，画出状态转换图。

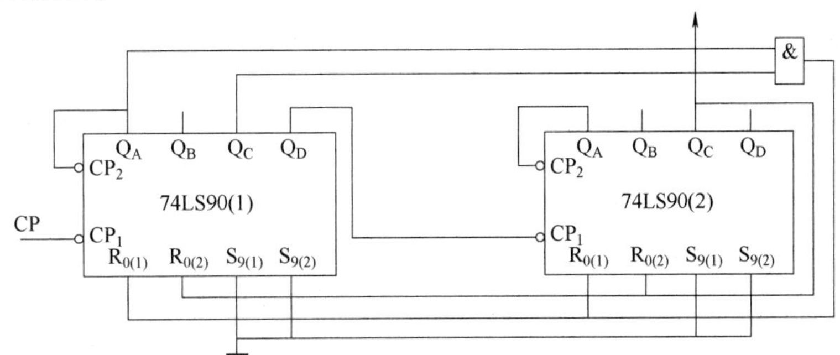

图 3-10-4　四十五进制计数器

3）使用两片 74LS90 设计一个六十进制计数器，画出电路图，并接线验证。

五、实验报告要求

1. 整理实验内容和各实验数据。
2. 画出实验内容 1、2 的电路图及状态转换图。
3. 设计相关表格记录实验内容 1、2 的数据。

六、注意事项

1. 正确使用 74LS90 的置零、置数功能。

2. 使用多个计数器级联设计任意进制时，注意电路的进位及连接方式。

七、思考题

计数器的同步置零与异步置零方式有何区别？同步置数与异步置数方式有何区别？

实验十一　同步时序电路的设计

一、实验目的

1. 熟悉同步时序逻辑电路的设计方法与步骤。
2. 掌握时序逻辑电路的测试方法。

二、实验器材

1. 数字电路实验箱。
2. 74LS112，双 JK 触发器，两片。
3. 74LS00，二输入端四与非门，两片。
4. 74LS74，双 D 触发器，两片。

三、实验原理

同步时序逻辑电路的设计就是根据给出的具体逻辑问题，求出实现这一逻辑功能的时序逻辑电路。其设计方法主要有五个步骤，即逻辑抽象、状态化简、状态分配、确定触发器类型及各触发器的驱动方程、画出逻辑电路图并检查自启动能力。设计过程如图 3-11-1 所示。

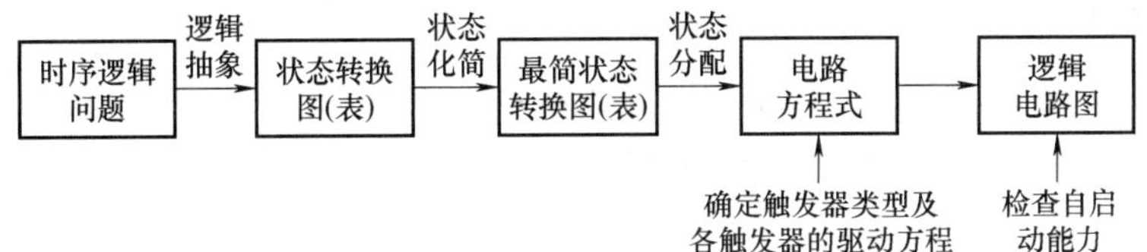

图 3-11-1　同步时序逻辑电路的设计过程

1. 逻辑抽象

根据设计要求逻辑抽象出具体的时序逻辑功能，确定输入变量、输出变量以及电路的状态数，定义输入、输出逻辑状态和每个状态的含义，并将电路状态顺序编号，进而列出状态转换图或状态转换表，这是整个逻辑设计中最困难的一步，设计者必须对所需要解决的问题有较深入地理解，并掌握一定的设计经验和技巧，才能描述一个完整的、比较简单的状态转换图。

2. 状态化简

若两个电路状态在相同的输入下有相同的输出，并且转换到同样一个次态，则称这两个状态为等价状态。等价状态是重复的，可以合并为一个，电路状态的多少直接影响到电路的复杂程度，电路的状态数越少，设计出来的电路就越简单。因此，最好把可以相互合并的状态合并起来。

3. 状态分配

状态分配又称为状态编码，是用二进制代码对状态进行编码的过程。时序逻辑电路的状态是用触发器状态的不同组合来表示，状态数确定以后，电路的触发器数目就确定了。如果时序电路有 M 个状态，需要确定触发器的数目为 n，那么必须有 $2^{n-1}<M\leqslant 2^{n}$。

4. 确定触发器类型及各触发器的驱动方程

因为不同逻辑功能的触发器驱动方式不同，所以用不同类型触发器设计出来的电路也不一样。通常可以根据实际所能提供的触发器类型，选定一种触发器来进行设计，选定触发器后，则根据状态转换图、状态转换表和选定的状态编码绘制出触发器控制输入函数的卡诺图。然后对卡诺图化简，求出各触发器的状态方程、驱动方程和输出方程。

5. 画出逻辑电路图并检查自启动能力

检查电路是否存在无效循环。如果未使用状态中有无效循环存在，应采取措施排除，以保证电路具有自启动能力。一种解决办法是在电路开始工作时通过预置数将电路的状态置成有效状态循环中的某一种，另一种解决方式是通过修改逻辑设计加以解决。

四、实验内容和步骤

1. 用芯片 74LS112 双 JK 触发器及 74LS00 与非门设计一个 110 序列检测器，并验证其逻辑功能。要求对串行输入序列信号检测，当电路输入序列中连续三个信号符合检测器的检测码 110 时，检测器输出为“1”。按照同步时序电路设计步骤，进行电路设计及电路功能的验证，记录实验结果。

2. 自选触发器类型，设计一个三位串行密码锁电路，并验证其逻辑功能。要求当电路连续输入三个 0 时，密码锁打开，否则锁关闭。设计电路并验证其功能，记录实验结果。

五、实验报告要求

1. 写出设计过程，画出实验逻辑图，并连线进行测试。
2. 检查电路的自启动能力，并测试验证。

六、注意事项

1. 注意时钟脉冲和串行数据输入端的时间配合。
2. 注意把各触发器的驱动电路转换为与非的形式，并用与非门实现。

七、思考题

1. 如果设计的电路不能自启动应该如何处理？
2. 同步时序电路和异步时序电路的设计过程有何不同？

实验十二　时基电路及单稳态触发器

一、实验目的

1. 熟悉时基电路的功能及应用。
2. 掌握单稳态触发器的构成和参数设置方法。

二、实验器材

1. 数字电路实验箱。
2. 双踪示波器。
3. NE556（或 LM556、5G556 等），双时基电路，一片。
4. 电阻或电位器，2kΩ、10kΩ、100kΩ，各一个。
5. 电容，0.1μF、0.01μF、0.047μF，各一个。

三、实验原理

1. 555 定时器简介

555 电路的内部电路框图如图 3-12-1 所示。它含有两个电压比较器，一个基本 RS 触发器，一个放电开关管 VT，比较器的参考电压由三只 5kΩ 的电阻器构成的分压器提供。它们分别使高电平比较器 A_1的同相输入端和低电平比较器 A_2 的反相输入端的参考电平为 $2/3V_{CC}$ 和 $1/3V_{CC}$。A_1 与 A_2 的输出端控制 RS 触发器状态和放电管开关状态。

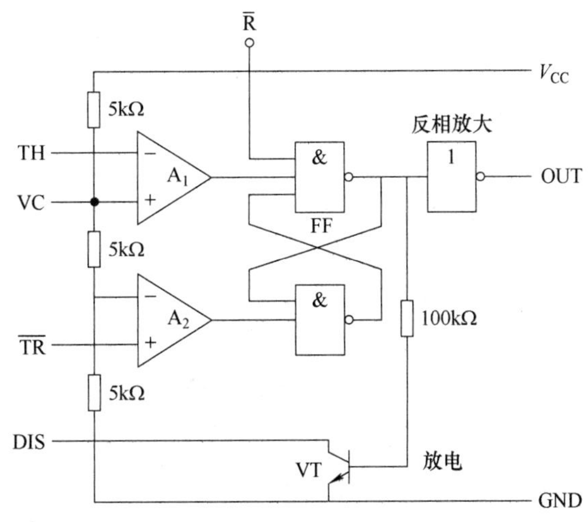

图 3-12-1　555 定时器内部电路框图

图中各引脚的功能简述如下：

高电平触发端 TH：当 TH 端电平大于 $2/3V_{CC}$时，比较器 A_1 输出为“0”，当 TH 端电平

小于 $2/3V_{CC}$时，比较器 A_1 输出为“1”。

低电平触发端$\overline{TR}$：当$\overline{TR}$端电平大于 $1/3V_{CC}$时，比较器 A_2 输出为“1”，当$\overline{TR}$端电平小于 $1/3V_{CC}$时，比较器 A_2 输出为“0”。

复位端$\overline{R}$：$\overline{R}=0$，OUT 端输出低电平，DIS 端导通。正常使用时$\overline{R}$端开路或接 V_{CC}。

控制电压端 VC：平时为 $2/3V_{CC}$作为比较器 A_1 的参考电平，当该端外接一个输入电压时，改变了比较器的参考电平，即改变了 TH、$\overline{TR}$的触发电平值。在不接外加电压时，通常对地接一个 0.01μF 的电容以消除外来的干扰，确保参考电平的稳定。

放电端 DIS：当 RS 触发器输出为高电平时，开关管 VT 导通，当 RS 触发器输出为低电平时，开关管 VT 关断，其导通或关断为 RC 回路提供了放电或充电的通路。

输出端 OUT：输出高、低电平。

2. 单稳态触发器

555 定时器典型应用之一为构成单稳态触发器，具体原理为：图 3-12-2a 为由 555 定时器和外接定时元件 R、C 构成的单稳态触发器。触发电路由 R、C 构成，稳态时 555 电路输入端 V_I 处于高电平，内部放电开关管 VD 导通，输出端 V_O 输出低电平，当有一个外部负脉冲触发信号 V_I 加到$\overline{TR}$端。并使$\overline{TR}$端电位瞬时低于 $1/3V_{CC}$，低电平比较器动作，单稳态电路即开始一个暂态过程，电容 C 开始充电，V_C 按指数规律增长。当 V_C 充电到 $2/3V_{CC}$时，高电平比较器动作，比较器 A_1 翻转，输出 V_O 从高电平返回低电平，放电开关管 VD 重新导通，电容 C 上的电荷很快经放电开关管放电，暂态结束，恢复稳态，为下个触发脉冲的来到做好准备。波形图如图 3-12-2b 所示。

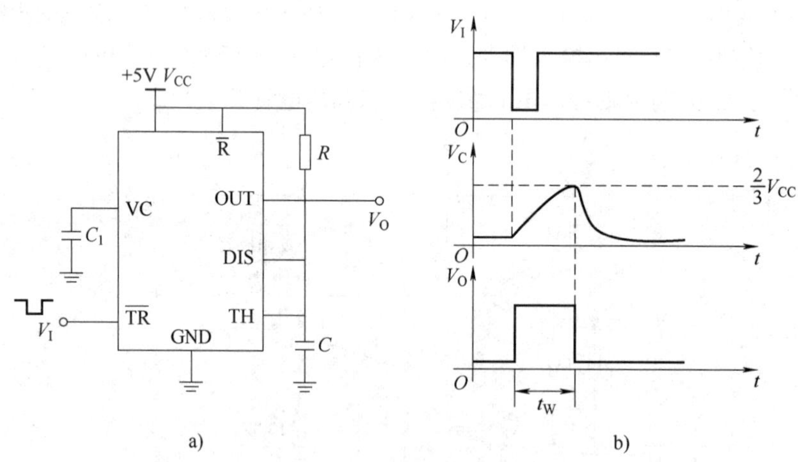

图 3-12-2　单稳态触发器

a）单稳态触发器　b）波形图

暂稳态持续的时间 t_W决定于外接 R、C 的大小。

$$t_W = 1.1RC$$

通过改变 R、C 的大小可使延时时间在几微秒到几十分钟之间变化。

四、实验内容和步骤

1. 555 时基电路功能测试

本实验所用的 555 时基电路芯片为 NE556，同一芯片上集成了两个各自独立的 555 时基电路，NE556 引脚排列如图 3-12-3 所示。

1）按图 3-12-4 接线，可调电压取自电位器分压器。测出电源电压 V_{CC}，计算出 $1/3V_{CC}$ 和 $2/3V_{CC}$ 的值。

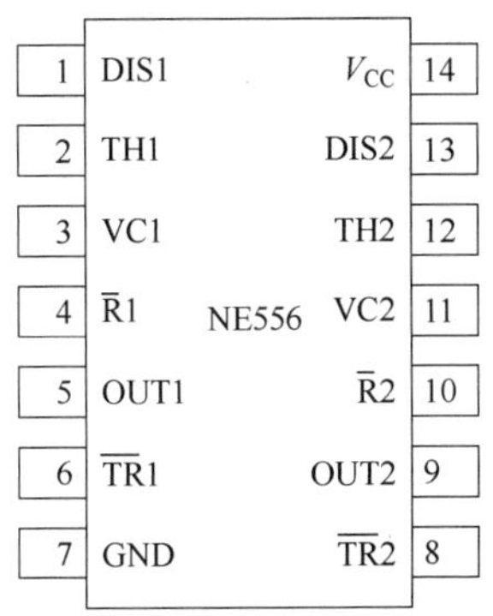

图 3-12-3　NE556 引脚排列图

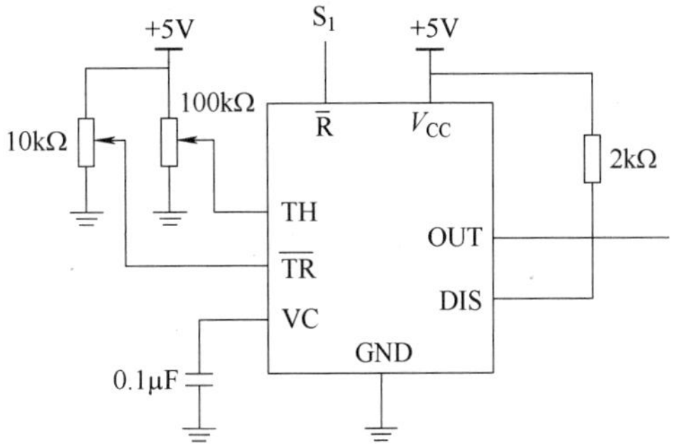

图 3-12-4　NE556 测试接线图

2）按表 3-12-1 逐项测试其功能并记录。

表 3-12-1　555 时基电路功能测试

TH	$\overline{TR}$	$\overline{R}$	OUT	DIS
×	×	0		
$>\frac{2}{3}V_{CC}$	$>\frac{1}{3}V_{CC}$	1		
$<\frac{2}{3}V_{CC}$	$>\frac{1}{3}V_{CC}$	1		
$<\frac{2}{3}V_{CC}$	$<\frac{1}{3}V_{CC}$	1		
$>\frac{2}{3}V_{CC}$	$<\frac{1}{3}V_{CC}$	1		

2. 555 构成的单稳态触发器

实验电路如图 3-12-2a 所示。

1）按图 3-12-2a 接线，图中 $R=10\text{k}\Omega$，$C=0.1\mu\text{F}$，$C_1=0.01\mu\text{F}$，V_I是频率约为 500Hz 左右的 TTL 方波时，用双踪示波器观察 OUT 端相对于 V_I的波形，测量输出脉冲的宽度 t_W，并与理论值进行比较。

2）调节 V_I的频率，观察、记录 V_I及 OUT 端波形，并分析 OUT 端波形随 V_I频率的变化规律。

3）思考：若想使 $t_W=10\mu\text{s}$，应怎样调整电路？

五、实验报告要求

1. 按实验内容各步要求整理实验数据。
2. 画出实验内容 2 的相应波形图。

六、注意事项

1. 对于单稳态触发器，用双踪示波器观察 OUT 端相对于 V_I 的波形时，要先校准示波器。

2. 对于单稳态触发器，注意触发端 V_I 输入信号的频率在合适的范围内。

七、思考题

1. 在单稳态触发器电路中，暂稳态的持续时间 t_W 由哪些参数来决定，计算公式是什么？

2. 本实验中，暂稳态持续的时间与输入信号的频率有关系吗？单稳态触发器电路正常工作时，V_I 端接入的 TTL 方波信号频率正常范围是多少？

实验十三　多谐振荡器及应用

一、实验目的

1. 掌握 555 时基电路构成的多谐振荡器的结构和工作原理。
2. 学会分析和测试用 555 时基电路构成的多谐振荡器及其应用。

二、实验器材

1. 数字电路实验箱。
2. 双踪示波器。
3. NE556（或 LM556，5G556 等），双时基电路，一片。
4. 二极管，1N4148，两只。
5. 电阻，15kΩ、5kΩ、5. 1kΩ 各一个，10kΩ，三个。
6. 电容，0. 033μF、0. 1μF、0. 01μF 各一个，100μF 两个。
7. 扬声器，一个。

三、实验原理

图 3-13-1a 是由 555 定时器和外接元件 R_1、R_2、C_1 构成的多谐振荡器。接通电源 V_{CC}后，经电阻 R_1 和 R_2 对电容 C_1 充电，使 V_{C1}按指数规律上升。当 V_{C1}上升到略大于 $2/3V_{CC}$时，555 定时器输出 u_o为低电平，同时放电三极管 VD 导通。此后，电容 C_1 通过电阻 R_2 和 555 定时器的放电三极管 VD 放电，V_{C1}由 $2/3V_{CC}$开始呈指数规律下降。当 V_{C1}下降到略低于 $1/3V_{CC}$时，555 定时器输出 u_o翻转为高电平。电容 C_1 放电所需的时间为

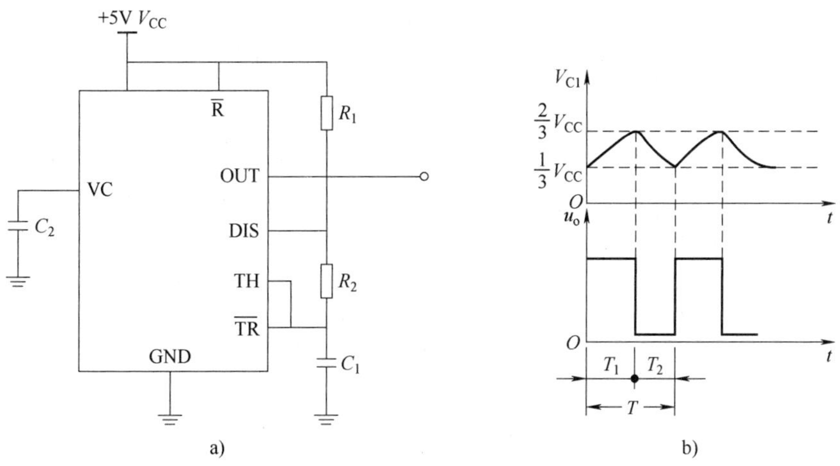

图 3-13-1　555 定时器构成的多谐振荡器及其波形图

a）多谐振荡器　b）波形图

$$T_2 = R_2 C_1 \ln 2 \approx 0.69 R_2 C_1$$

当放电结束时，VD 截止，V_{CC}将通过 R_1、R_2 向电容 C_1 充电，V_{C1}由 $1/3V_{CC}$上升到$2/3V_{CC}$所需的时间为

$$T_1 = (R_1+R_2) C_1 \ln 2 \approx 0.69 (R_1+R_2) C_1$$

当 V_{C1}上升到 $2/3V_{CC}$时，电路又翻转为低电平。如此周而复始，于是，在电路的输出端就得到一个周期性的矩形脉冲。电路的工作波形如图 3-13-1b 所示。其振荡周期 T 为

$$T = T_1 + T_2 \approx 0.69 (R_1 + 2R_2) C_1$$

四、实验内容和步骤

1. 555 时基电路构成的多谐振荡器

1）按图 3-13-1a 接线。图中元件参数如下：$R_1 = 15\text{k}\Omega$，$R_2 = 5\text{k}\Omega$，$C_1 = 0.033\mu\text{F}$，$C_2 = 0.1\mu\text{F}$。

2）用示波器观察并测量 OUT 端波形的频率，并和理论值相比较，计算出频率的相对误差值。

3）思考：若将电阻值改为 $R_1 = 15\text{k}\Omega$，$R_2 = 10\text{k}\Omega$，电容 C 不变，上述的数据有何变化？

4）根据上述电路的原理，充电回路的支路是 $R_1R_2C_1$，放电回路的支路是 R_2C_1，将电路略做修改，增加一个电位器 R_P和两个引导二极管，构成如图 3-13-2 所示的占空比可调的多谐振荡器。其占空比 q 为

$$q = \frac{R_1}{R_1 + R_2}$$

改变 R_P的位置，可调节 q 值。合理选择参数（电位器选用 100kΩ），使电路的占空比 $q = 0.2$，调试正脉冲宽度为 0.2ms。调试电路，测出所用元件的数值，估算电路的误差。

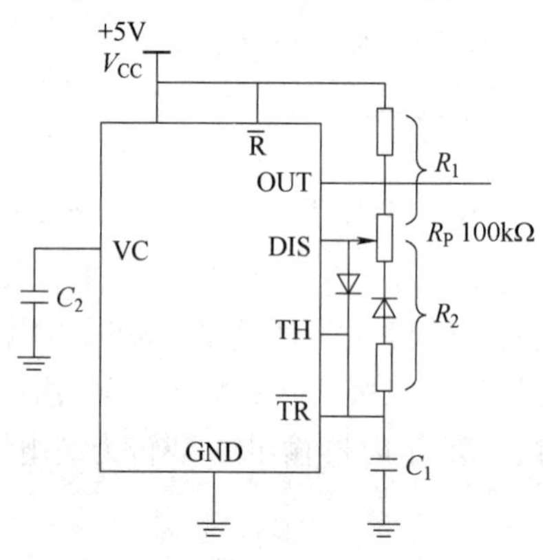

图 3-13-2　占空比可调的多谐振荡器

2. 应用电路

图 3-13-3 所示为用 NE556 的两个时基电路构成低频对高频调制的救护车警铃电路。

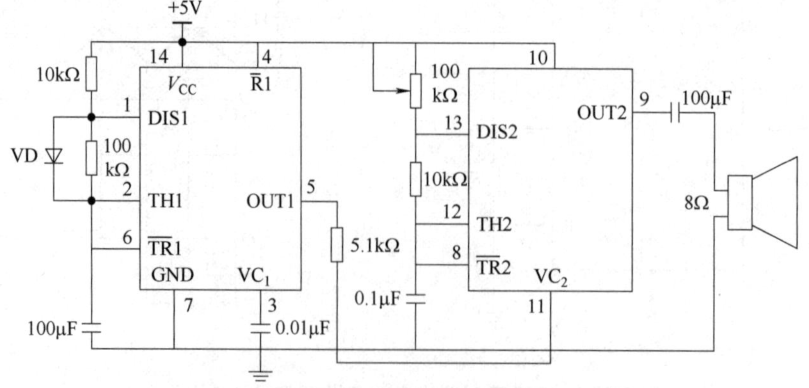

图 3-13-3　救护车警铃电路

1）按图接线，注意扬声器先不接。

2）用示波器观察输出波形并记录。

3）接上扬声器，调整参数到声响效果满意。

五、实验报告要求

1. 按实验内容各步要求整理实验数据。
2. 画出实验内容 2 的相应波形图。
3. 画出实验内容 2 最终调试的电路图并标出各元件参数。
4. 总结时基电路基本电路及使用方法。

六、注意事项

1. 555 定时器构成多谐振荡器的周期有哪些参数决定？
2. 占空比可调的多谐振荡器的周期理论值和实验值有何不同？

七、思考题

如何由 555 定时器组成施密特触发器，电路图如何设计？

实验十四　D/A 和 A/D 转换器

一、实验目的

1. 了解 D/A 和 A/D 转换器的基本工作原理和基本结构。
2. 掌握大规模集成 D/A 和 A/D 转换器的功能及其典型应用。

二、实验器材

1. 数字电路实验箱。
2. 双踪示波器。
3. 计数脉冲源。
4. DAC0832，D/A 转换器，一片。
5. ADC0809，A/D 转换器，一片。
6. μA741，集成运放，一片。
7. 电位器、电阻、电容若干。

三、实验原理

在数字电子技术的很多应用场合往往需要把模拟量转换为数字量，称为模/数转换器（A/D 转换器，ADC）；或把数字量转换成模拟量，称为数/模转换器（D/A 转换器，DAC）。完成这种转换的线路有多种，特别是单片大规模集成 A/D、D/A 转换器问世，为实现上述的转换提供了极大的方便。用户可借助于手册提供的器件性能指标及典型应用电路，即可正确使用这些器件。本实验将采用大规模集成电路 DAC0832 实现 D/A 转换，ADC0809 实现 A/D 转换。

1. D/A 转换器——DAC0832

DAC0832 是采用 CMOS 工艺制成的单片电流输出型八位 D/A 转换器。图 3-14-1 是 DAC0832 的逻辑框图和引脚排列。

DAC0832 的引脚功能说明如下：

$D_0 \sim D_7$：数字信号输入端；

ILE：输入寄存器允许，高电平有效；

$\overline{CS}$：片选信号，低电平有效；

$\overline{WR_1}$：写信号 1，低电平有效；

$\overline{XFER}$：传送控制信号，低电平有效；

$\overline{WR_2}$：写信号 2，低电平有效；

I_{OUT1}，I_{OUT2}：DAC 电流输出端；

R_{fB}：反馈电阻；

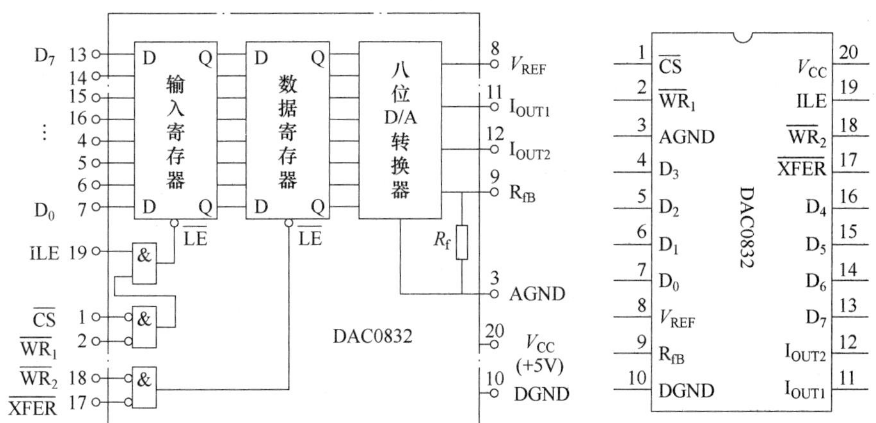

图 3-14-1　DAC0832 单片 D/A 转换器逻辑框图和引脚排列

V_{REF}：基准电压（−10～+10V）；

V_{CC}：电源电压（+5～+15V）；

AGND：模拟地；

DGND：数字地。

DAC0832 输出的是电流，要转换为电压，还必须经过一个外接的运算放大器，实验电路如图 3-14-2 所示。

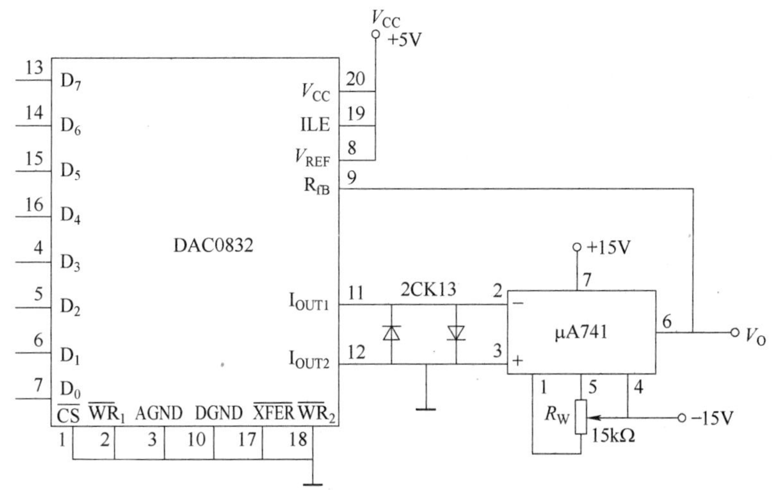

图 3-14-2　D/A 转换器实验电路图

2. A/D 转换器——ADC0809

ADC0809 是采用 CMOS 工艺制成的单片八位八通道逐次渐近型 A/D 转换器，其逻辑框图及引脚排列如图 3-14-3 所示。

ADC0809 的引脚功能说明如下：

IN_0～IN_7：八路模拟信号输入端；

A_2、A_1、A_0：地址输入端；

ALE：地址锁存允许输入信号，在此引脚施加正脉冲，上升沿有效，此时锁存地址码，

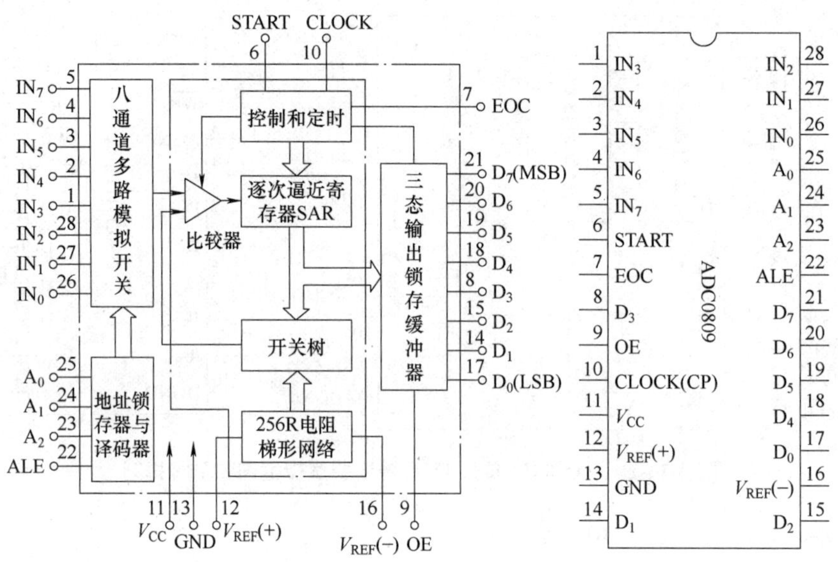

图 3-14-3　ADC0809 转换器逻辑框图及引脚排列

从而选通相应的模拟信号通道，以便进行 A/D 转换；

START：启动信号输入端，应在此脚施加正脉冲，当上升沿到达时，内部逐次逼近寄存器复位，在下降沿到达后，开始 A/D 转换过程；

EOC：转换结束输出信号（转换结束标志），高电平有效；

OE：输入允许信号，高电平有效；

CLOCK（CP）：时钟信号输入端，外接时钟频率一般为 500kHz；

V_{CC}：+5V 单电源供电；

V_{REF}（+）、V_{REF}（-）：基准电压的正极、负极。一般 V_{REF}（+）接+5V 电源，V_{REF}（-）接地；

D_0 ~ D_7：数字信号输出端。

（1）模拟量输入通道选择

八路模拟开关由 A_2、A_1、A_0 三个地址输入端选通八路模拟信号中的任何一路进行 A/D 转换，地址译码与模拟输入通道的选通关系见表 3-14-1。

表 3-14-1　选通关系

被选模拟通道		IN_0	IN_1	IN_2	N_3	IN_4	IN_5	IN_6	IN_7
地址	A_2	0	0	0	0	1	1	1	1
	A_1	0	0	1	1	0	0	1	1
	A_0	0	1	0	1	0	1	0	1

（2）A/D 转换过程

在启动端（START）加启动脉冲（正脉冲），A/D 转换即开始。如将启动端（START）与转换结束端（EOC）直接相连，转换将是连续的，在用这种转换方式时，开始应在外部加启动脉冲。

四、实验内容和步骤

1. D/A 转换器——DAC0832

1）按图 3-14-2 接线，电路接成直通方式，即$\overline{CS}$、$\overline{WR_1}$、$\overline{WR_2}$、$\overline{XFER}$接地；ILE、V_{CC}、V_{REF}接+5V 电源；运放电源接±15V；$D_0 \sim D_7$ 接逻辑开关的输出插口，输出端 V_O 接直流数字电压表。

2）调零，令 $D_0 \sim D_7$ 全置零，调节运放的电位器使 μA741 输出为零。

3）按表 3-14-2 所列的输入数字信号，用数字电压表测量运放的输出电压 V_O，并将测量结果填入表中，并与理论值进行比较。

表 3-14-2 DAC0832 测试表

输入数字量								输出模拟量 V_O/V	
								V_{CC}=+5V	
D_7	D_6	D_5	D_4	D_3	D_2	D_1	D_0	测 量 值	理 论 值
0	0	0	0	0	0	0	0		
0	0	0	0	0	0	0	1		
0	0	0	0	0	0	1	0		
0	0	0	0	0	1	0	0		
0	0	0	0	1	0	0	0		
0	0	0	1	0	0	0	0		
0	0	1	0	0	0	0	0		
0	1	0	0	0	0	0	0		
1	0	0	0	0	0	0	0		
1	1	1	1	1	1	1	1		

2. A/D 转换器——ADC0809

1）按图 3-14-4 接线，八路输入模拟信号 1V～4.5V，由+5V 电源经电阻 R 分压组成；变换结果 $D_0 \sim D_7$ 接逻辑电平显示器输入插口，CP 时钟脉冲由计数脉冲源提供，取 f=100kHz；$A_0 \sim A_2$ 地址端接逻辑电平输出插口。

2）接通电源后，在启动端（START）加一正单次脉冲，下降沿一到即开始 A/D 转换。

3）按表 3-14-3 的要求观察，记录 $IN_0 \sim IN_7$ 八路模拟信号的转换结果，并将转换结果换算成十进制数表示的电压值，并与数字电压表实测的各路输入电压值进行比较，分析误差原因。

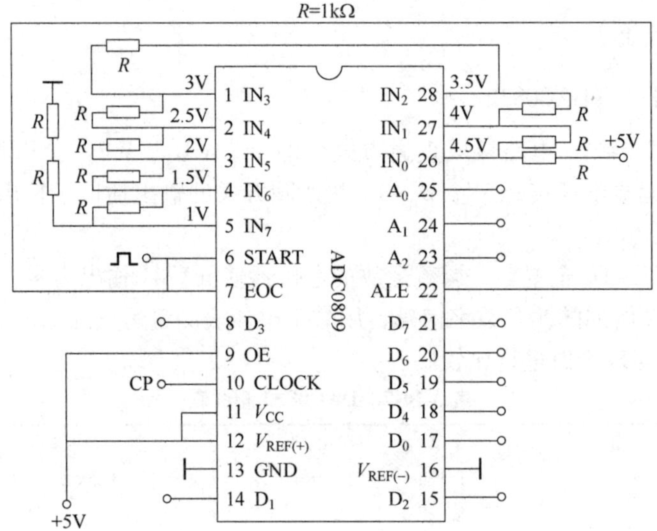

图 3-14-4 ADC0809 实验线路图

表 3-14-3 ADC0809 测试表

被选模拟通道	输　入	地　　址			输出数字量								
IN	V_I/V	A_2	A_1	A_0	D_7	D_6	D_5	D_4	D_3	D_2	D_1	D_0	十进制
IN_0	4.5	0	0	0									
IN_1	4.0	0	0	1									
IN_2	3.5	0	1	0									
IN_3	3.0	0	1	1									
IN_4	2.5	1	0	0									
IN_5	2.0	1	0	1									
IN_6	1.5	1	1	0									
IN_7	1.0	1	1	1									

五、实验报告要求

1. 在表 3-14-2、表 3-14-3 中记录实验数据。
2. 分析实验结果，将实验结果与理论值做比较。

六、注意事项

1. 转换时 DAC0832 和 ADC0809 各个控制端的正确连接。
2. V_{REF}基准电压的大小对电路转换精度的影响。

七、思考题

1. D/A 转换器的测量值和理论值有何差别?
2. 影响 D/A 转换器转换精度的主要因素有哪些?

实验十五　抢答器的设计

一、实验目的

1. 学习数字电路中 D 触发器、分频电路、多谐振荡器、CP 时钟脉冲源等单元电路的综合运用。

2. 熟悉抢答器的工作原理。

3. 了解简单数字系统实验、调试及故障排除方法。

二、实验器材

1. 数字电路实验箱。
2. 双踪示波器。
3. 数字频率计。
4. 74LS175，四 D 触发器，一片。
5. 74LS20，四输入端二与非门，一片。
6. 74LS74，双 D 触发器，一片。
7. 74LS00，二输入端四与非门，一片。

三、实验原理

图 3-15-1 为供四人用的竞赛抢答装置原理图，可以实现抢答优先权判断功能。

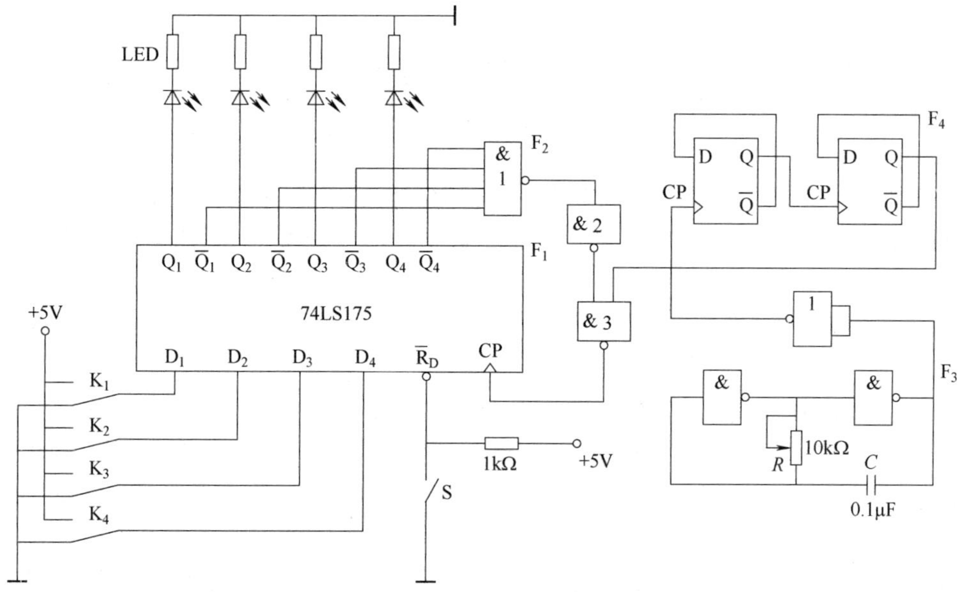

图 3-15-1　竞赛抢答装置原理图

下面对图中各个单元电路模块及整体电路实现功能做分析说明：F_1 为四 D 触发器 74LS175，它具有公共置“0”端和公共 CP 端；F_2 为双四输入与非门 74LS20；F_3 是由 74LS00 组成的多谐振荡器；F_4 是由 74LS74 组成的四分频电路，F_1、F_2、F_3、F_4 引脚排列如图 3-15-2 所示。F_3、F_4 组成抢答电路中的 CP 时钟脉冲源，抢答开始时，由主持人清除信号，按下复位开关 S，74LS175 的输出 $Q_1 \sim Q_4$ 全为“0”，所有发光二极管 LED 均熄灭，当主持人宣布“抢答开始”后，首先做出判断的参赛者立即按下开关，对应的发光二极管点亮，同时，通过与非门 F_2 送出信号锁住其余三个抢答者的电路，不再接受其他信号，直到主持人再次清除信号为止。

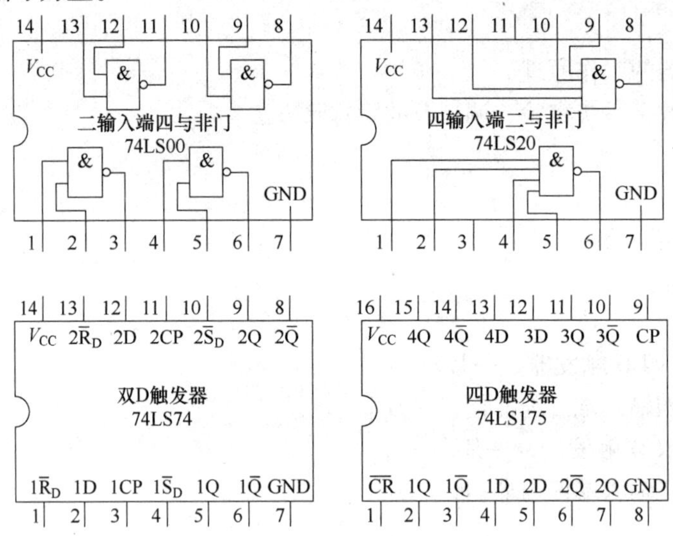

图 3-15-2　所用元器件引脚排列

四、实验内容和步骤

1. 测试各触发器及各逻辑门的逻辑功能，判断器件的好坏。

2. 按图 3-15-1 接线，抢答器五个开关接实验装置上的逻辑开关、发光二极管接逻辑电平显示器。

3. 断开抢答器电路中 CP 脉冲源电路，单独对多谐振荡器 F_3 及分频器 F_4 进行调试，调整多谐振荡器 10kΩ 电位器，使其输出脉冲频率约 4kHz，观察 F_3 及 F_4 输出波形及测试其频率。

4. 测试抢答器电路功能。接通+5V 电源，CP 端接实验装置上连续脉冲源，取重复频率约 1kHz。

1）抢答开始前，开关 K_1、K_2、K_3、K_4 均置“0”，准备抢答，将开关 S 置“0”，发光二极管全熄灭，再将 S 置“1”。抢答开始，K_1、K_2、K_3、K_4 某一开关置“1”，观察发光二极管的亮、灭情况，然后再将其他三个开关中任一个置“1”，观察发光二极的亮、灭是否改变。

2）重复 1）的内容，改变 K_1、K_2、K_3、K_4 任一个开关状态，观察抢答器的工作情况。

3）整体测试。断开实验装置上的连续脉冲源，接入 F_3 及 F_4，再进行实验。

五、实验报告要求

1. 分析抢答装置各部分功能。
2. 总结数字系统的设计、调试方法。
3. 说明调试中遇到的问题及故障排除方法。

六、注意事项

1. 仔细分析图 3-15-1 各部分电路的连接及抢答器工作原理。
2. 熟悉实验所用元器件的功能及使用方法。

七、思考题

若在图 3-15-1 电路中加一个计时功能，要求计时电路显示时间精确到秒，最多限制为 2min，一旦超出限时则取消抢答权，电路应如何改进？

实验十六　电子秒表的设计

一、实验目的

1. 学习数字电路中基本 RS 触发器、单稳态触发器、时钟发生器及计数、译码显示等单元电路的综合应用。

2. 学习电子秒表的调试方法。

二、实验器材

1. 数字电路实验箱。
2. 双踪示波器。
3. 数字频率计。
4. 译码显示器。
5. 74LS00，二输入端四与非门，两片。
6. NE556，双时基电路，一片。
7. 74LS90，十进制计数器，三片。
8. 电位器、电阻、电容若干。

三、实验原理

图 3-16-1 为电子秒表的电路原理图。按功能分成四个单元电路进行分析。

1. 基本 RS 触发器

图 3-16-1 中单元Ⅰ为用集成与非门构成的基本 RS 触发器。属低电平直接触发的触发器，有直接置位、复位的功能。它的一路输出$\overline{Q}$作为单稳态触发器的输入，另一路输出 Q 作为与非门 5 的输入控制信号。

按动按钮开关 K_2（接地），则门 1 输出$\overline{Q}=1$；门 2 输出 $Q=0$，K_2 复位后 Q、$\overline{Q}$状态保持不变。再按动按钮开关 K_1，则 Q 由“0”变为“1”，门 5 开启，为计数器起动做好准备。$\overline{Q}$由“1”变“0”，送出负脉冲，起动单稳态触发器工作。

基本 RS 触发器在电子秒表中的职能是起动和停止秒表的工作。

2. 单稳态触发器

图 3-16-1 中单元Ⅱ为用集成与非门构成的微分型单稳态触发器，图 3-16-2 为各点波形图。单稳态触发器的输入触发负脉冲信号 V_I 由基本 RS 触发器$\overline{Q}$端提供，输出负脉冲 V_O 通过非门加到计数器的清除端 R。

静态时，门 4 应处于截止状态，故电阻 R 必须小于门的关门电阻 R_{Off}。定时元件 RC 取值不同，输出脉冲宽度也不同。当触发脉冲宽度小于输出脉冲宽度时，可以省去输入微分电路的 R_P 和 C_P。

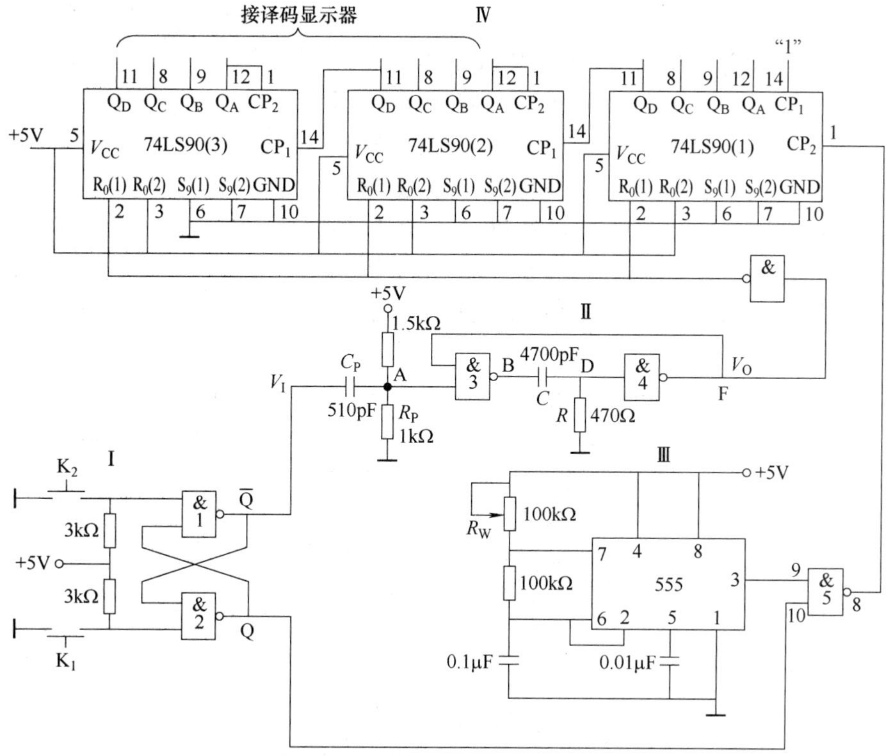

图 3-16-1　电子秒表电路原理图

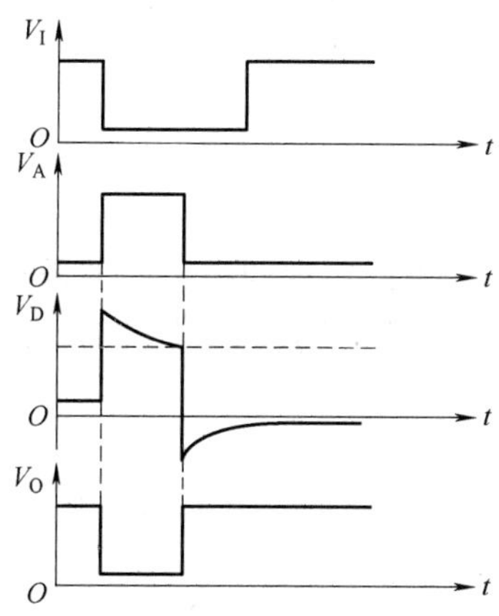

图 3-16-2　单稳态触发器各点波形图

单稳态触发器在电子秒表中的职能是为计数器提供清零信号。

3. 时钟发生器

图 3-16-1 中，单元Ⅲ为用 555 定时器构成的多谐振荡器，是一种性能较好的时钟源。

调节电位器 R_W，使在输出端 3 获得频率为 50Hz 的矩形波信号，当基本 RS 触发器 Q = 1 时，门 5 开启，此时 50Hz 脉冲信号通过门 5 作为计数脉冲加于计数器（1）的计数输入端 CP_2。

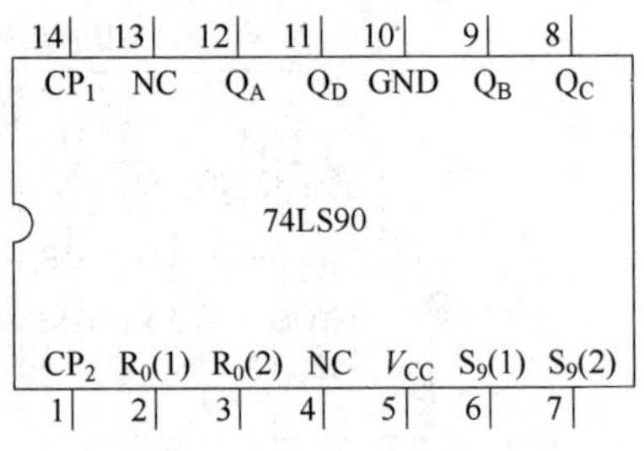

图 3-16-3　74LS90 引脚排列

4. 计数及译码显示

二-五-十进制加法计数器 74LS90 构成电子秒表的计数单元，如图 3-16-1 中单元Ⅳ所示。其中计数器 74LS90（1）接成五进制形式，对频率为 50Hz 的时钟脉冲进行五分频，在输出端 Q_D 取得周期为 0.1s 的矩形脉冲，作为计数器 74LS90（2）的时钟输入。计数器 74LS90（2）及计数器 74LS90（3）接成 8421 码十进制形式，其输出端与实验装置上译码显示单元的相应输入端连接，可显示 0.1~0.9s、1~9.9s 计时。

74LS90 是异步二-五-十进制加法计数器，它既可以作二进制加法计数器，又可以作五进制和十进制加法计数器。图 3-16-3 为 74LS90 引脚排列，表 3-16-1 为其功能表。

表 3-16-1　74LS90 功能表

<table>
<tr><th colspan="6">输　入</th><th colspan="4">输　出</th><th rowspan="3">功　能</th></tr>
<tr><th colspan="2">清 0</th><th colspan="2">置 9</th><th colspan="2">时钟</th><th colspan="4" rowspan="2">Q_D　Q_C　Q_B　Q_A</th></tr>
<tr><th colspan="2">$R_0(1)$、$R_0(2)$</th><th colspan="2">$S_9(1)$、$S_9(2)$</th><th>CP_1</th><th>CP_2</th></tr>
<tr><td>1</td><td>1</td><td>0</td><td>×</td><td>×</td><td>×</td><td>0</td><td>0</td><td>0</td><td>0</td><td>清　0</td></tr>
<tr><td>0</td><td>×</td><td>1</td><td>1</td><td>×</td><td>×</td><td>1</td><td>0</td><td>0</td><td>1</td><td>置　9</td></tr>
<tr><td rowspan="5">0
×</td><td rowspan="5">×
0</td><td rowspan="5">0
×</td><td rowspan="5">×
0</td><td>↓</td><td>1</td><td colspan="4">Q_A　输出</td><td>二进制计数</td></tr>
<tr><td>1</td><td>↓</td><td colspan="4">$Q_DQ_CQ_B$ 输出</td><td>五进制计数</td></tr>
<tr><td>↓</td><td>Q_A</td><td colspan="4">$Q_DQ_CQ_BQ_A$ 输出</td><td>十进制计数</td></tr>
<tr><td>Q_D</td><td>↓</td><td colspan="4">$Q_AQ_DQ_CQ_B$ 输出</td><td>十进制计数</td></tr>
<tr><td>1</td><td>1</td><td colspan="4">不变</td><td>保持</td></tr>
</table>

注：74LS90 为集成异步计数器。

通过不同的连接方式，74LS90 可以实现四种不同的逻辑功能；而且还可借助 R_0（1）、R_0（2）对计数器清零，借助 S_9（1）、S_9（2）将计数器置 9。

四、实验内容和步骤

由于实验电路中使用器件较多，实验前必须合理安排各器件在实验装置上的位置，使电路逻辑清楚，接线较短。

实验时，按照图 3-16-1 连接各单元线路，并根据实验任务的次序，将各单元电路逐个进行调试，调试完成后进行总体测试。这样的测试方法有利于检查和排除故障，保证实验顺利进行。

1. 基本单元电路的测试

将各单元电路逐个进行接线，分别测试基本 RS 触发器、单稳态触发器、时钟发生器及计数器的逻辑功能。

2. 电子秒表的整体测试

各单元电路测试正常后，按图 3-16-1 把几个单元电路连接起来，进行电子秒表的总体测试。先按动按钮开关 K_2，此时电子秒表不工作，再按动按钮开关 K_1，则计数器清零后便开始计时，观察数码管显示计数情况是否正常，如不需要计时或暂停计时，按一下开关 K_2，计时立即停止，但数码管保留所计时之值。

3. 电子秒表准确度的测试

可以采用电子钟或手表的秒计时对电子秒表进行校准。

五、实验报告要求

1. 总结电子秒表整个调试过程。
2. 分析调试中发现的问题及故障排除方法。

六、注意事项

1. 仔细分析图中各部分电路的连接及工作原理，实验时可以分模块调试。
2. 本实验为综合性实验，应提前复习数字电路中基本 RS 触发器、单稳态触发电路、时钟发生器和计数器等部分内容。

七、思考题

利用不同类型的时钟源可以代替本实验中所采用的时钟源吗？具体电路如何实现？

第四部分

附录

附录 A　色环电阻识别方法

电阻按材料分，一般有碳膜电阻、水泥电阻、金属膜电阻和线绕电阻等不同类型；按功率分，有 1/16W、1/8W、1/4W、1/2W、1W、2W 等额定功率电阻；按电阻值的精确度分，有精确度为±5%、±10%、±20%等的普通电阻，还有精确度为±0.1%、±0.2%、±0.5%、±1%和±2%等的精密电阻。电阻的类别可以通过外观的标记识别。一般的家用电器使用碳膜电阻较多，因为它成本低廉。金属膜电阻精度高一些，使用在要求较高的设备上。水泥电阻和线绕电阻都能够承受比较大的功率，线绕电阻的精度也比较高，常用在要求很高的测量仪器上。色环电阻是在电阻封装上（即电阻表面）涂上一定颜色的色环，来代表电阻的阻值大小，如图 A-1 所示。例如小功率碳膜电阻和金属膜电阻，一般都用色环表示电阻阻值的大小，常用四色环或者五色环来表示电阻值的误差。

四色环电阻的识别：第一、二色环分别代表两位有效数的阻值；第三色环代表倍率；第四色环代表误差。

五色环电阻的识别：第一、二、三色环分别代表三位有效数的阻值；第四色环代表倍率；第五色环代表误差。如果第五色环为黑色，一般用来表示为线绕电阻器；第五条色环如为白色，一般用来表示为熔丝电阻器。如果电阻中间有一条黑色的色环，则代表此电阻为零欧姆电阻。

在实践中发现，有些色环电阻的排列顺序不甚分明，往往容易读错，在识别时，可运用如下技巧加以判断。

技巧 1：先找标志误差的色环，从而识别色环顺序。最常用的表示电阻误差的颜色是金、银、棕，尤其是金环和银环，一般很少用作色环的第一环，所以在电阻上只要有金环和银环，就可以基本认定这是色环电阻的最末一环。

技巧 2：棕色环是否是误差标志的判别。棕色环常用作误差环，作为有效数字环，且常常在第一环和最末一环中同时出现，很难辨别哪一条是第一环。在实践中，可以按照色环之间的间隔加以判断，比如对于一个五道色环的电阻而言，第五色环和第四色环之间的间隔比第一色环和第二色环之间的间隔要宽一些，据此可判定色环的排列顺序。

技巧 3：在仅靠色环间距还无法判定色环顺序的情况下，还可以利用电阻的生产序列值

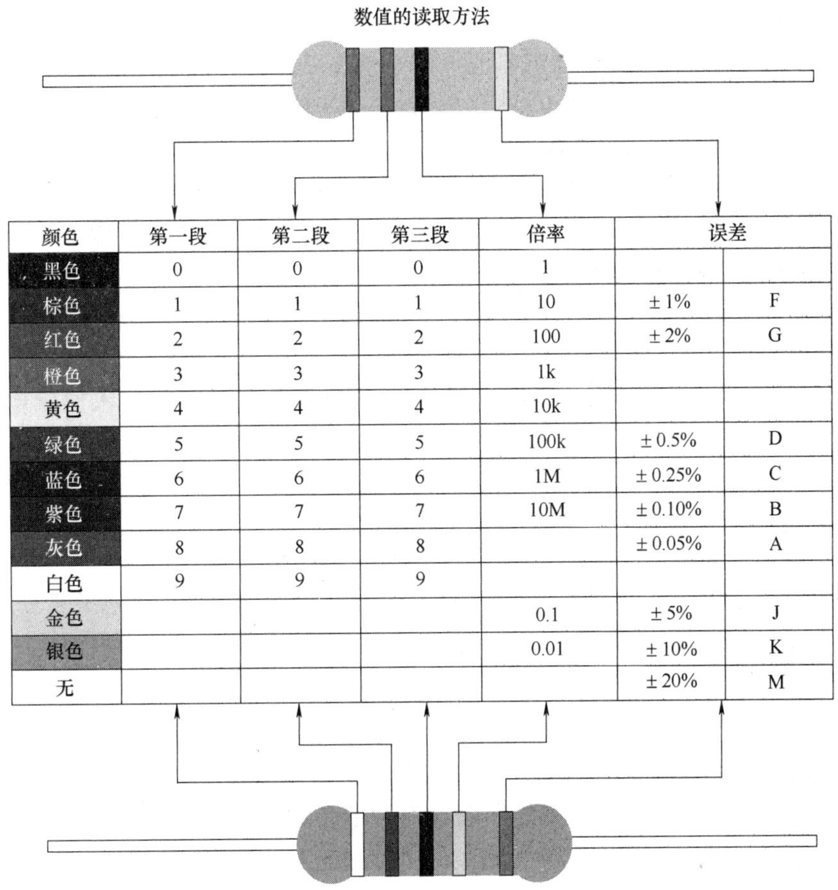

颜色	第一段	第二段	第三段	倍率	误差	
黑色	0	0	0	1		
棕色	1	1	1	10	±1%	F
红色	2	2	2	100	±2%	G
橙色	3	3	3	1k		
黄色	4	4	4	10k		
绿色	5	5	5	100k	±0.5%	D
蓝色	6	6	6	1M	±0.25%	C
紫色	7	7	7	10M	±0.10%	B
灰色	8	8	8		±0.05%	A
白色	9	9	9			
金色				0.1	±5%	J
银色				0.01	±10%	K
无					±20%	M

图 A-1　色环电阻识别

来加以判别。比如有一个电阻色环的读序是：棕、黑、黑、黄、棕，其值为 $100\times10^4\Omega=1\text{M}\Omega$，误差为 1%，属于正常的电阻系列值。若是反顺序读棕、黄、黑、黑、棕，其阻值为 $140\times10^0\Omega=140\Omega$，误差为 1%。显然按照后一种顺序所读出的电阻值，在电阻的生产系列中（E24＝1.0、1.1、1.2、1.3、1.5、1.6、1.8、2.0、2.2、2.4、2.7、3.0、3.3、3.6、3.9、4.3、4.7、5.1、5.6、6.2、6.8、7.5、8.2、9.1）是没有的，故后一种色环顺序是不对的。

附录 B　晶体管的极性判别

1. 判别晶体管的基极

晶体管的内部就像两个二极管组合而成的。其形式如图 B-1 所示，中间的是基极 b 极。

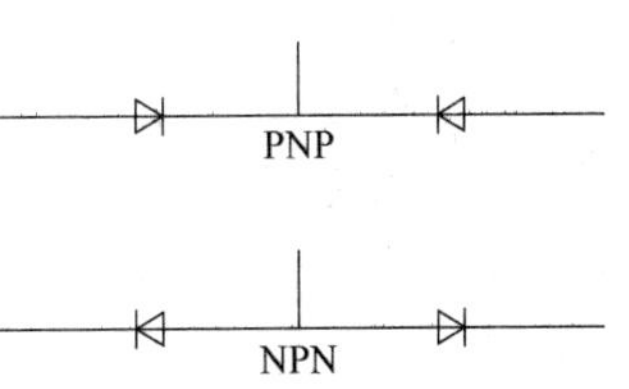

图 B-1　晶体管的内部形式

首先要先找到基极，并判断是 PNP 还是 NPN 管。由图可知，PNP 管的基极是两个二极管负极的共同连接点，NPN 管的基极是两个二极管正极的共同连接点。这时可以用数字万用表的二极管档去测基极。

对于 PNP 管，当黑表笔（接表内电池负极）连在基极上，红表笔去测另两个极时，一般为相差不大的较小读数（一般为 0.5~0.8，这是 PN 接的管压降）；如表笔反过来接则为一个较大的读数（一般为 1，这是溢出）。

对于 NPN 管，当红表笔（接表内电池正极）连在基极上，黑表笔去测另两个极时，显示相差不大的较小读数（0.5~0.8）；如表笔反过来接则为一个较大的读数（一般为 1）。

2. 判别晶体管的发射极和集电极

按照图 B-1 的电路，将万用表开关置于二极管档，对于 NPN 型管，先假设其一极为集电极 c，把红表笔接在假设的集电极 c 上，黑表笔接假设的发射极 e，或用手捏住基极 b 和集电极 c，但不能接触，这样相当于在晶体管的基极和集电极之间接入偏置电阻 R_b，如图 B-2所示。在晶体管的基极加上一正向电流，使晶体管导通，记下此时阻值；然后将红、黑表笔交换重测，也记下此时的阻值，比较两次阻值的大小，哪次阻值小，说明哪次假设是正确的，则该次红笔所接是集电极 c。反之，对于 PNP 型管，黑表笔所接为集电极 c。

实际上，小功率管的基极一般排列在三个管的中间，可用上述方法分别将黑、红表笔接基极，既可测定晶体管的两个 PN 结是否完好（与二极管的测量方法一样），又可确认管型。测出基极后，再利用万用表测量 β（h_{FE}）值的档位，判断发射极 e 和集电极 c。将档位旋转至 h_{FE}，基极插入所对应类型的孔中，把其他管脚分别插入 c、e 孔观察读数。晶体管的放大倍数一般为几十到几百倍，插对了就会显示该晶体管放大倍数，插错了就没有数值，这样就可以较方便地判别晶体管的发射极 e 和集电极 c，同时用此方法也可判别晶体管的好坏。

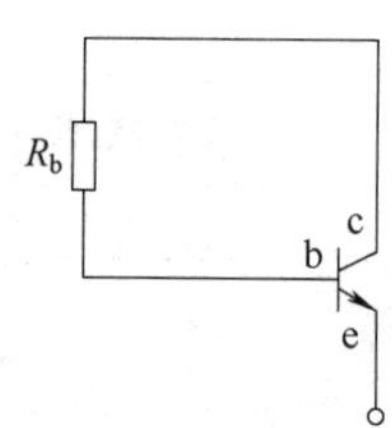

图 B-2　判别晶体管的发射极和集电极

附录 C　电子电路的故障分析与排除

在电子技术实践与训练中，出现故障是经常的事。学会查找和排除故障，对全面提高电子技术实践能力十分有益。但是，初学者往往在遇到故障后束手无策，因此，了解和掌握检查和排除故障的基本方法是十分必要的。下面介绍在实验室条件下对电子电路中的故障进行检查和诊断的基本方法。

1. 常用检查方法

（1）直观检查法

直观检查法是通过视觉、听觉、嗅觉、触觉来查找故障部位，是一种简便有效的方法。

1）检查接线。在面包板上接插电路，接错线引起的故障占很大比例，有时还会损坏器件。如发现电路有故障时，应对照安装接线图检查电路的接线有无漏线、断线和错线，特别要注意检查电源线和地线的接线是否正确。为了避免和减少接线错误，应在课前画出正确的安装接线图。

2）听通电后是否有打火声等异常声响，闻有无焦糊等异味出现，摸晶体管管壳是否冰凉或烫手，集成电路是否温升过高。通过听、摸、闻感到异常时应立即断电。

特别要注意：电解电容器极性接反时可能造成爆裂，漏电大时，介质损耗将增大，也会使温度上升，甚至使电容器胀裂。

（2）电阻法

电阻法是用万用表测量电路电阻和元器件电阻来发现和寻找故障部位及元器件，注意应在断电条件下进行。

1）通断法：用于检查电路中连线是否断路，元器件引脚是否虚连。要注意检查是否有不允许悬空的输入端未接入电路，尤其是 CMOS 电路的任何输入端不能悬空。一般使用数字万用表的二极管档或蜂鸣器档进行测量。

2）测电阻值法：用于检查电路中电阻元件的阻值是否正确；检查电容器是否断线、击穿和漏电；检查半导体器件是否击穿、开断及各 PN 结的正反向电阻是否正常等。

检查二极管和晶体管时，一般用使用数字万用表的二极管档或蜂鸣器档进行测量。在检查大容量电容器（如电解电容器）时，应先用导线将电解电容的两端短路，泄放掉电容器中的存储电荷后，再检查电容有没有被击穿或漏电是否严重；否则，可能会损坏万用表。

在测量电阻值时，如果是在线测试，还应考虑到被测元器件与电路中其他元器件的等效并联关系，需要准确测量时，元器件的一端必须与电路断开。

（3）电压法

电压法是用电压表直流档检查电源、各静态工作点电压、集成电路引脚的对地电位是否正确。也可用交流电压档检查有关交流电压值。测量电压时，应当注意电压表内阻及频率响应对被测电路的影响。

例如，TTL 电路的输入和输出电压的正常范围见表 C-1。

表 C-1　TTL 电路的输入和输出电压的正常范围

引出端所处状态	电压范围
输出高电平	>2. 7V
输出低电平	<0. 4V
所有与输入端悬空	1. 0~10. 4V
有一个与输入端接低电平	0. 3~0. 4V
有一个与输入端接地	0. 1V
两个输出端短路（两个输出端状态不同时）	0. 6~2. 0V

（4）示波法

示波法是一种动态测试法，通常在电路加有输入信号的前提下进行检查。用示波器观察电路有关各点的信号波形，以及通过查看信号各级的耦合、传输是否正常来判断故障所在部位，是在电路静态工作点处于正常的条件下进行的检查。

（5）电流法

电流法用万用表测量晶体管和集成电路的工作电流、各部分电路的分支电流及电路的总负载电流，以判断电路及元件正常工作与否。这种方法在面包板上不常用。

(6) 元器件替代法

对怀疑有故障的元器件，可用一个完好的元器件替代，置换后若电路工作正常，则说明原有元器件或插件板存在故障，可做进一步检查测定。这种方法力争判断准确，对连接线层次较多、功率大及成本较高的元器件不宜采用此法。

对于集成电路，可用同一芯片上的相同电路来替代怀疑有故障的电路。有多个输入端的集成器件，如在实际使用中有多余输入端时，则可换用其余输入端进行试验，以判断原输入端是否有问题。

(7) 分隔法

为了准确地找出故障发生的部位，还可通过拔去某些部分的插件和切断部分电路之间的联系来缩小故障范围，分隔出故障部分。如发现电源负载短路可分区切断负载，检查出短路的负载部分；或通过关键点的测试，把故障范围分为两个部分或多个部分，通过检测排除或缩小可能的故障范围，找出故障点。采用上述方法，应保证拔去或断开部分电路不至于造成关联部分的工作异常或损坏。

2. 逐步逼近法

在不能直接迅速地判断故障时，可采用逐级检查的方法逐步逼近故障。逐步逼近法分析与排除故障的步骤如下。

(1) 判断故障级

在判断故障级时，可采用两种方式：

1) 由前向后逐级推进，寻找故障级。从第一级输入信号，用示波器或电压表逐级测试其后各级输出端信号，如发现某一级的输出波形不正确或没有输出时，则故障就发生在该级或下级电路，这时可将级间连线或耦合电路断开，进行单独测试，即可判断故障级。模拟电路一般加正弦波，数字电路可根据功能的不同输入方波、单脉冲或高、低电平。

2) 由后向前逐级推进寻找故障级。可在某级输入端加信号，测试其后各级输出端信号是否正常，无故障则往前级推进。若在某级输出信号不正常时，处理方法与1) 相同。

(2) 寻找故障的具体部位或元器件

故障级确定后，寻找故障具体部位可按以下几步进行。

1) 检查静态工作点：可按电路原理图所给定静态工作点进行对照测试，也可根据电路元件参数值进行估算后测试。

以晶体管为例：对线性放大电路，则可根据

$$U_C=(1/3\sim1/2)V_{CC}$$

$$U_E=(1/4\sim1/6)V_{CC}$$

$$U_{BE}(\text{硅})=0.5\sim0.7\text{V}$$

$$U_{BE}(\text{锗})=0.2\sim0.3\text{V}$$

来估算和判断电路工作状态是否正常。

对于开关电路，如果晶体管应处于截止状态，则根据 U_{BE} 电压加以判断，它应略微处于正偏或处于反偏；如果晶体管应处于饱和状态，则 U_{CE} 小于 U_{BE}。若工作点值不正常，可检查该级电路的接线点以及电阻、晶体管是否完好，查出故障所在点。若仍不能找出故障，应做动态检查。

对于数字电路，如果无论输入信号如何变化，输出一直保持高电平不变时，这可能是被测集成电路的地线接触不良或未接地线。如输出信号的变化规律和输入的相同，则可能是集成电路未加上电源电压或电源线接触不良所至。

2）动态的检查：要求输入端加检查信号，用示波器（或电子电压表）观察测试各级各点波形，并与正常波形对照，根据电路工作原理判断故障点所在。

（3）更换元器件

元器件拆下后，应先测试其损坏程度，并分析故障原因，同时检查相邻的元器件是否也有故障。在确认无其他故障后，再动手更换元器件。更换元器件应注意以下事项。

1）更换电阻应采用同类型、同规格（同阻值和同功率级）的电阻，一般不可用大功率等级代用，以免电路失去保护功能。

2）对于一般退耦、滤波电容器，可用同容量、同耐压或高容量、高耐压电容器代替。对于高中频回路电容器，一定要用同型号瓷介电容器或高频介质损耗及分布电感相近的其他电容器代替。

3）集成电路应采用同型号、同规格的芯片替换。对于型号相同但前缀或后缀字母、数字不同的集成电路，应查找有关资料进行了解后方可使用。

4）晶体管的代换，尽量采用同型号，参数相近的代用。当使用不同型号的晶体管代用时，应使其主要参数满足电路要求，并适当调整电路相应元件的参数，使电路恢复正常工作。

附录 D　常用门电路和触发器使用规则

1. TTL 门电路和 CMOS 门电路的使用规则

（1）TTL 门电路的使用规则

1）接插集成块时，要认清定位标记，不能插反。

2）对电源要求比较严格，只允许在 5V±10%的范围内工作，电源极性不可接错。

3）普通 TTL 与非门不能并联使用（集电极开路门与三态输出门电路除外），否则不仅会使电路逻辑混乱，并会导致器件损坏。

4）需正确处理闲置输入端。闲置输入端处理方法如下：

① 悬空相当于正逻辑“1”，对于一般小规模集成电路的数据输入端，实验时允许悬空处理。但易受外界干扰，导致电路的逻辑功能不正常。

② 对于接有长线的输入端，中规模以上的集成电路和使用集成电路较多的复杂电路，所有的控制输入端必须按照逻辑要求接入电路，不允许悬空。

③ 直接接电源电压 V_{CC}（也可串入一个 1~10kΩ 的固定电阻）或接至某一固定电压（$+2.4V<U<+4.5V$）的电源上，或与输入端为接地的多余与非门的输出端相接。

④ 若前级驱动能力允许，可以与使用的输入端并联。

5）负载个数不能超过允许值。

6）输出端不允许直接接地或直接接+5V 电源，否则会损坏器件。有时为了使后级电路获得较高的输出电平，允许输出端通过电阻接至 V_{CC}，一般取电阻值为 3~5kΩ。

（2）CMOS 门电路的使用规则

1）V_{DD}接电源正极，V_{SS}接电源负极（通常接地），不得反接。CD4000 系列的电源允许在+3～+18V 范围内选择，实验中一般选用+5～+15V。

2）所有输入端一律不准悬空。闲置输入端的处理方法如下：

① 按照逻辑要求直接接 V_{DD}（与非门）或 V_{SS}（或非门）。

② 在工作频率不高的电路中允许输入端并联使用。

3）输出端不准直接与 V_{DD}或 V_{SS}相连，否则将导致器件损坏。

4）在装接电路，改变电路连接或插、拔电路时，均应切断电源，严禁带电操作。

5）焊接、测试和存储时的注意事项如下：

① 电路应存放在导电的容器内，有良好的静电屏蔽。

② 所有的测试信号必须良好接地。

③ 若信号源与 CMOS 器件使用两组电源供电，应先开通 CMOS 电源；关机时，先关信号源再关 CMOS 电源。

2. 触发器的使用规则

1）通常根据数字系统的时序配合关系正确选用触发器，除特殊功能外，一般在同一系统中选择相同触发方式的同类型触发器较好。

2）工作速度要求较高的情况下采用边沿触发方式的触发器较好，但速度越高越易受外界干扰。上升沿触发还是下降沿触发原则上没有优劣之分。如果是 TTL 电路的触发器，因为输出为“0”时的驱动能力远强于输出为“1”时的驱动能力，尤其是当集电极开路输出时上升边沿更差，为此选用下降沿触发更好些。

3）触发器在使用前必须经过全面测试才能保证可靠性。使用时必须注意置“1”和复“0”脉冲的最小宽度及恢复时间。

4）触发器翻转式的动态功耗远大于静态功耗，为此系统设计者应尽可能避免同一封装内的触发器同时翻转。

5）CMOS 集成触发器与 TTL 集成触发器在逻辑功能、触发方式上基本相同。使用时不宜将这两种器件同时使用，这是因为 CMOS 内部电路结构以及对触发时钟脉冲的要求与 TTL 存在较大的差别。

参 考 文 献

［1］ 阎石，王红．数字电子技术基础［M］．6版．北京：高等教育出版社，2016.
［2］ 王晨光，周英君，陈建方，等．医学电子学基础实验［M］．北京：人民卫生出版社，2018.
［3］ 郭永新，崔栋，宋莉，等．电子学实验教程［M］．2版．北京：清华大学出版社，2017.
［4］ 康华光．电子技术基础：数字部分［M］．6版．北京：高等教育出版社，2014.
［5］ 何召兰，张凯利．电子技术基础实验与课程设计［M］．北京：高等教育出版社，2012.
［6］ 刘泾．电路和模拟电子技术实验指导书［M］．2版．北京：高等教育出版社，2017.
［7］ 邱关源，罗先觉．电路［M］．5版．北京：高等教育出版社，2011.
［8］ 杨素行．模拟电子技术基础简明教程［M］．3版．北京：高等教育出版社，2006.
［9］ 康华光，陈大钦，张林．电子技术基础：模拟部分［M］．6版．北京：高等教育出版社，2013.
［10］ 何金茂．电子技术基础实验［M］．2版．北京：高等教育出版社，1991.
［11］ 陈先荣．电子技术基础实验［M］．北京：国防工业出版社，2006.
［12］ 潘岚．电路与电子技术实验教程［M］．北京：高等教育出版社，2005.